日本茶文化大全

ALL ABOUT TEA 日本茶篇

ウィリアム・H・ユーカース 著
静岡大学 ALL ABOUT TEA 研究会 編訳
小二田誠二 監修・鈴木実佳 監訳

知泉書館

凡　例

1　本書は，William Harrison Ukers 著 *ALL ABOUT TEA*（Tea & Coffee Trade Journal Co., New York, 1935）全二冊54章のうち，特に日本の茶生産（第1巻第16章），貿易（第2巻第12章），茶道（第2巻第19章）に関する三章分の全訳と注，及び研究である。今後，全巻の翻訳・注釈の刊行を予定している。原著全体の目次はxiv頁に掲げる。

2　底本として，文生書院刊『日本茶業史資料集成』所収の電子復刻版を使用したが，原著の画像は谷本勇氏（ヘリヤ商会）御所蔵本を使用させて頂いた。

3　1935年に英文で書かれた書籍であるという性格上，日本に関する記述であっても，固有名詞の漢字表記や日本語文献からの引用，様々な業界用語など，正確な情報が得られない場合もあった。その結果，やや煩雑な注を付すことになってしまった。御寛恕願いたい。
　なお，注釈に使用した参考文献は，巻末に一括して掲載した。

4　原著者の注は，＊1），＊2）などとして脚注にした。

5　訳者による注は，1），2），3）などとし，各章末に掲載した。

6　脚注以外の著者による短い補足説明は（　）で，訳者の補足説明は〔　〕で区別した。

7　度量衡単位は，原則として原著通りヤード・ポンド法・尺貫法を使用し，〔メートル法表記〕（適宜概数）を付した。

まえがき
──『オールアバウトティー』とユーカース──

ユーカース（W. H. Ukers, 1873-1954）が書いた『オールアバウトティー』は茶についての世界的な名著として知られる。しかし，英語で書かれていることもあって，わが国では，ほとんど知られていない。ユーカースは，執筆の25年前に東方の茶産国の訪問を機に，茶に関する資料の収集を開始した。以来各国の図書館，博物館をめぐり，また，各茶生産国へも1年にわたる調査旅行を敢行し，これらの収集資料を12年の歳月をかけて整理し，1935年に *ALL ABOUT TEA* として刊行した。原書紹介文によると，2巻，54章，1,152ページ，60万語からなり，世界の主要茶類一覧表，500件を記述した歴史年表，425語を説明した茶辞典，2000冊に及ぶ茶の書籍目録，一万項目の索引などを含むかつて類例を見ない茶全般について記述した大著である。全ての記載は原典にあたり，不得手な科学，技術などの分野は専門家に依頼するなど，内容的にも極めて精度の高いものである。

1 『オールアバウトティー』の構成と概略

全体は歴史，技術，科学，商業，社会，芸術の六部から成っている。

「歴史」：第1章では紀元前2737年の神農伝説に現れる茶の起源や紀元前550年孔子の著作に見られる記述，さらに紀元350年の最も信ずべき記録など中国の資料を基に詳述されている。茶の原産地は東南アジアであり，中国西南部，東北インド，ビルマ，シャム，インドシナを含む地域とし，茶の栽培，喫茶習慣は僧侶により中国，日本へと広められたことが書かれている。しかし，以下も同様であるが，英語で記述された中国の地名，人名から漢字名を想像することに難儀する。Lu Yu は陸羽であり，『茶経』は Ch'a Ching である。第2章には，その『茶経』の英文による最初のダイジェストが掲載されている。第3章からは世界への茶の伝播について書かれ，アラブへは

850年，ベネチアへ1559年，イギリスへ1598年，ポルトガルへは1600年，オランダが最初にヨーロッパに茶を持ち込んだのが1610年。ロシアに達したのは1618年，パリへは1648年など，関係資料に基づく説明は説得力にあふれる。第4章は，T. Garrawayと彼の有名なロンドンのコーヒーハウスの話。第5章は，茶税との闘いとアメリカへの移入。第6章は東インド会社の話。第7章はティークリッパーの競争。以降11章まで，オランダ領下におけるジャワ，スマトラの驚異的な茶業の発展，英国領下におけるインド，セイロンの茶，及びその他の国々の茶の歴史が詳細に記述される。これらにはいずれも，関連の資料や挿絵が多く掲載され，まさに物語的な面白さがある。わが国ではほとんど知られていない北アメリカにおける茶生産の歴史と黒人による茶摘み風景の写真は興味深い。

「技術」：13章では各種茶の特徴や貿易上の価値，茶の審査方法や水の重要性が述べられ，さらに各産地別に茶の特徴を細かに示した一覧表が添えられている。日本については，積出港として清水，横浜，神戸，長崎。主要産地として静岡，山城，近江，鹿児島，三重，埼玉，岐阜。茶種は玉露，碾茶，煎茶，番茶，ほうじ茶の説明がある。以後の8章では，中国，日本，台湾，ジャワ，スマトラ，インド，セイロン及びその他の国の茶の栽培と製造について詳しく記述されている。日本に関しては，18ページが費やされ，気象および土壌条件，栽培，摘採，製造，仕上げ，生産コスト，さらには試験研究機関の予算内容まで記録してあるのには驚く。セイロンの章では，緑茶製造の記述があり興味深いが，日本の製法が頭にあると，想像すら困難である。22章では初期の中国における手による製茶から近年の機械化された茶工場までの変遷が詳述されている。

「科学」：23章は，よく引用される世界における茶の語源。陸路伝いに主にアジアに広まった広東読みの「chah」とヨーロッパに入ったアモイの方言「tay」について。茶の植物学では，1753年にリンネによってどのように植物分類がなされて Thea sinensis になり，その後 Camellia に変わって今日にいたっているかが述べられている。茶の化学，茶の薬理学については，インド・トクライのインド茶業協会の化学者が担当している。上巻最後の章には，茶と健康についての新聞記事や報文の要旨が55題，コンパクトにまとめられている。

第2巻は，商業，社会，芸術の面からの記載である。

「商業」：第1章から第5章までは，生産国から消費国への茶の流れ。中国，オランダ，英国，日本，台湾，その他の国々における茶の貿易の歴史。日本については18ページが費やされ，概説にはじまり，初期の横浜貿易，茶輸出港としての神戸港，直

接貿易，輸出の振興，産業の組織化，茶貿易の静岡への移行，1885年以降の年代別貿易の変遷，日本の著名な茶商会，日本の茶業組合など。さらにアメリカにおける茶貿易については48ページを割いて詳述している。16章は780年（陸羽の『茶経』）から現在までの茶の広告の歴史が多くの写真とともに紹介され，日本がどのように世界戦略を練ったかも記されていて興味深い。

「社会」：社会生活における茶の歴史について，初期の中国，日本，オランダ，英国，アメリカではどのようにお茶が飲まれていたか。日本の茶道については一章を割いて詳細に記されている。21章では，18世紀ロンドンのティーガーデンでの楽しみ。22章は初期の飲茶習俗，チベットでの飲茶，日本のお茶壺道中，アフタヌーンティーの始まり等。さらに現在の世界の喫茶習俗，喫茶道具の変遷，湯沸しからティーバッグまで。さらに科学的な茶の入れ方や買い方の解説もある。

「芸術」：茶に関する絵画，彫刻，音楽（日本の唱歌「茶摘」が楽譜入りで紹介されている），著名な茶器の紹介。最後の章は，文学と茶。親日家であったユーカースらしい一文が日本語で紹介されている。「お茶といふ字を解剖すれば日米取持つ味な縁」，どういうことかお分かりだろうか？

なお，本書の構成や執筆方法は，彼の前著である『オールアバウトコーヒー』とまったく同じである。また，『オールアバウトティー』は，世界各国で翻訳出版されているが，中国では解放戦争のさなかに呉覚農を中心に翻訳作業が行われ，1949年に1冊本で出版されている。英文では中国の地名や人名を判読するのが困難であるが，この中国版を参照すると便利である。

2　W・H・ユーカースについて

ユーカースは1873年フィラデルフィアに生まれ，ニューヨークタイムズの記者などを経て『ティーアンドコーヒートレードジャーナル』の主筆を務め，この間，17年を費やして860ページの膨大な『オールアバウトコーヒー』を著す。その他，ニュースタンダード大辞典の編纂にも携わり，さらにニューヨーク大学で実業新聞学講座を開講した。その他，グローサー及び同業雑誌組合の会長を務めるなどしている。このユーカースが，日本を訪れていることは案外知られていない。明治維新後，茶は重要な輸

出産品であったが，主な輸出先であるアメリカではコーヒーに押され大変厳しい状況にあった。なんとかそれを打開しようと，当時，「ティーアンドコーヒートレードジャーナル」誌の主筆であったユーカースの力添えに期待がかけられた。我が国の茶業界は2500ドルの準備金をもって彼を招聘した。ユーカースもまた『オールアバウトティー』執筆のため日本茶について実地に視察し研究する目的があったためこれに応じた。大正13年（1924）5月5日横浜に到着後，埼玉，静岡，愛知，三重，京都，奈良をまわり，24日に神戸港から台湾に向けて出帆するまで，まさに下にもおかぬもてなしをされている。この様子は当時の雑誌「茶業界」に逐一詳述されている。すっかり親日家になったユーカースは翌年，夫人を伴い再び来日し，自分は松を好むので松之助，夫人は名山に因んで富士子と呼んでくれなどと上機嫌だったそうである。このときの講演で，彼は広告宣伝の重要性を力説したが，これをうけて昭和初年から米国での日本茶一大キャンペーンが始まる。なお，ユーカースは，『オールアバウトコーヒー』の場合に資料収集のため各国に連絡員を置いている。日本の茶についての驚くべき詳細な記述からして当然日本にも同様の人物を配置したことが考えられる。第1巻に記された謝辞の中に二名の日本人の名前が出てくる。掛川の堀有三氏と静岡の石井晟一氏である。堀有三氏の消息はまったく不明であるが，石井晟一氏の子孫はご健在の様子なので，ユーカースに関する貴重な資料が存在するかもしれない。

　『オールアバウトティー』は，まさにその名のように茶の全てを記載した極めて貴重でかつ興味深い書である。また，珍しい絵や写真が数多く挿入され，それだけでも一見の価値がある。時代を越えて茶に関心を持つ人が座右の書にしたい一書である。

（小泊　重洋）

目　次

凡　例 …………………………………………………………………………… iii
まえがき――『オールアバウトティー』とユーカース ……………小泊　重洋… v
幸福な出会いを ………………………………………………………小二田誠二… ix
ALL ABOUT TEA 全巻目次 ………………………………………………… xiv

ALL ABOUT TEA

日本の茶道 …………………………………………………………………………… 3
　茶事の流れ（吉野亜湖）………………………………………………………… 37
日本における栽培と生産 …………………………………………………………… 39
日本の茶貿易史 ……………………………………………………………………… 67
　日本の茶貿易年表，茶業に関わった主な人物，主な茶貿易商会（市川奈々）…… 101
　参考文献一覧 ……………………………………………………………………… 106

文化としてのお茶，輸出商品としてのお茶 …………………………寺本　益英… 109
茶と鉄道 ………………………………………………………………北川　敏行… 127
著者ユーカースの日本訪問と *ALL ABOUT TEA* への反映 …………吉野　亜湖… 133
ユーカースが来日した頃の静岡茶事情 ………………………………中村羊一郎… 141
あとがき ………………………………………………………………鈴木　実佳… 145
執筆者・協力者一覧 ………………………………………………………………… 148

幸福な出会いを

　大学を一歩踏みだして，地域と関わりを持ち始めると，思いがけない出会いが沢山待っている。静岡のような歴史のある地方都市なら，なおさらだ。ここは，その豊かさ故に，むしろ必ずしも伝統文化や地場産品の広報や普及に積極的とは言えない土地柄なのだけれど，よそ者の私からみたら，まさにワンダーランドで，すっかり抜け出せなくなっている。例えば，私が ALL ABOUT TEA に出会った経緯はこうだ。

　江戸時代の日本文学を専門にしていると言うだけで，静岡に来たら地元生まれの戯作者，十返舎一九の『膝栗毛』に関する講座をやれと言う依頼が公民館から来る。まともに読んだこともないけれど，まぁ，ありがたい話だから，と引き受ける。話をするなら周辺を調べねばならない。調べていくうちに，今川・徳川の伝統を引き継ぐ駿府の歴史の豊饒に驚き，印刷や出版，それにかなり大規模な遊郭があったこと，そこでは，素晴らしい芸術が生まれていたことなど，話は必然的に広がっていく。そして，こういう凝縮された都市では，興味の幅が広がると，必ず，詳しい人と知り合いになれる。遊郭の配り物として目にした明治期静岡の錦絵事情を調べたかった私は，当然のこととして"蘭字"が気になって行く。そこからさらに，国際貿易都市としての近代静岡の姿が立ち現れてくることになるだろう。十返舎一九の研究会で知り合った御茶屋の葉桐さん（平成の売茶翁を自称するこの人が，その遊郭のとても貴重な錦絵を所持されていることを知ったのは，ずっと後のことだ）から，慶応年間以来の貿易商で，もちろん本書にも登場するヘリヤ商会の現社長，谷本勇氏を紹介される。その事務所で初めて手にしたのが，この本で，しかもそれは，著者ユーカース自筆サイン入りだった。静岡とは，つまり，そういう土地なのだ。本文や，他のメンバーの文章でも触れられていることなので詳述はしないが，ユーカースの日本滞在は静岡を基地として行われている。さすがに，彼を記憶している人が存在するというのではないし，戦災や大火で，多くの人や物を失ってもいるが，茶産業は，今も静岡を代表しているし，ユーカースが訪れた場所も，追跡することは可能だ。

私は，全く別の興味から，この本を便利な参考書として使おうと目論んだ。しかし，翻訳がない。とりあえず日本語文献を優先させているうちに，とんとんと話が進み，研究会が組織され，静岡大学人文学部やサントリー文化財団からも御支援を頂けるまでになったし，地域の関連業界や博物館との連携態勢もできつつあって，06年には関連の企画展も準備されている。正直，私自身はすでについていけないくらいに，規模も勢いも拡大し続けているのである。これが，共同研究の醍醐味だろうと思う。研究者として，これほど幸せなことは滅多にあるものではない。それは，静岡大学の，あるいは静岡の，必然だったのだろうと思わざるを得ない。私がやらなくても，きっと誰かがやっていたに違いないし，やる必要があった。

　醍醐味，と言えば，この，ALL ABOUT TEA は，説明に困るくらい，その「醍醐味」に満ちている。文字通り，「茶のすべて」が，ここにはある。もちろん，70年も前の書物だから，生産や流通のシステムも，技術水準も，現代では，すっかり時代遅れなのかも知れない。しかし，実際の所，英語で書かれた本文を真面目に読まなくとも，ほとんどすべてのページにある世界中から集められた写真を見ているだけでも，とても楽しく興味深い物がある。世界各地の茶摘み風景を眺めて，なるほどなるほど，とページを繰っていると，突然「その他の国」にまた日本人らしい写真がある。キャプションを見るとブラジルの茶畑。そういうところから，我々の先人達が，何をしてきたのか，ふと考えることにもなる。単なる懐古趣味以上の，豊かな情報がそこにあるのも確かなのである。ここから学ぶべき事は山ほどある。さて，それでは，この本は専門の研究書なのか，と言うと，そう呼ぶにはためらいもある。娯楽読み物？　事典？　それらのすべてであって，どれでもない。

　前にも書いたように，私たちは最初，利用価値のある歴史的な情報を得るためにこの本をひもといた。しかし，読み始めて最初に気づいたのは，ユーカースの情報源になった人々の存在であり，書物の存在である。ひどく専門的な業界情報を確実にこなしているかと思えば，相当に通俗的な書物を用いているらしい部分もある。我々は，日本の茶文化に関する部分を読んでいたのだが，明らかに外国で出版されていた書籍からの引用もある。70年前，西洋人が，日本，および日本の茶文化を知ろうとした時，何が可能だったのか，と言うことを考えるのは非常に興味深い。何より面白いのは，そうした情報，あるいは情報源が，活き活きと，人としてそこに立ち上がってくるところにある。この本の，何とも言いようのない人間くささは，冷徹な研究者でも，取材は助手任せの読み物作家でもなく，徹頭徹尾，自分で動き回り，人や物と出会って書き上げるジャーナリストであり，茶とコーヒーを愛し，その全部を知りたいと欲し，

また，その楽しみを世界の人々と共有したいと願ったユーカースという人物その物から発せられているのである。

　今回，研究会での検証活動によって，ユーカースと当時の日本茶業界との交流の様子も，かなり明らかにすることができた。そこには，日本における茶の生産や流通だけでなく，茶を取り巻く様々な文化を，単なる知識としてでなく，そこに飛び込んで血肉にしてしまおうという彼の貪欲さを見ることができるし，一方で，世界市場を相手に何をすればよいのか解っていない日本茶業界の人々に対して，広告活動の必要性やノウハウを懇切に伝授する親切な商人の姿も垣間見ることができる。70年前，ここで出会った人たちは，確実に幸福な時間を共有していたのだ。

　さて，私たちは，最初，授業の一環として日本茶道に関する一つの章だけ，対訳と注釈の作業をし，学部の助成を受けて印刷，非売品として配布した。その後，研究会として日本における茶の生産と貿易に関わる章をまとめたのが本書である。さらに，英国の喫茶文化に関する章の翻訳注釈作業を英文学を専攻とする教員・学生チームを中心に行っており，近く刊行予定である。ここまでが今年度の流れである。しかし，本書は，まだ手をつけていない章が山ほど残っている。東アジアからインド，アフリカに至る茶の生産地それぞれに，また，欧米をはじめとするそれらの消費地でも，日本と同じような出会いのドラマがあったに違いない。芸術や科学の分野に関する章はまだ手つかずの状態である。これから先，それらを読み進めていく過程は，正直，どこからどう調べていけば良いのやら，全く見当もつかないのであるけれど，恐らく，ユーカース自身がそうした様に，その分野の専門家のもとに飛び込み，あるいは巻き込みながら進めていくのが一番なのだろうと考えている。そこでまた，私たちにも，必ず，幸福な出会いが待っていると信じて，一歩一歩進んでいこうと思っている。

　今，これをお読みになっている皆さんには，次を楽しみにお待ち頂きたい。と同時に，是非とも，それぞれの専門分野を活かして，このプロジェクトに参加して頂きたいと切望している。特に，先にも触れた様に，茶所静岡で，この本が翻訳・出版されることは，相当に意義深い物だと考えている。この場をお借りして，多くの皆様のご協力をお願いする次第である。

　ここまで一緒に歩んできた研究会のメンバーに，そして，情報提供など，様々な形でご協力を戴いた多くの方々に感謝申し上げるとともに，まだ見ぬ同志との，この書物を通じた出会いを祈って，名ばかりの，怠惰な研究代表の挨拶とさせて頂くことにしよう。

（小二田　誠二）

幸福な出会いを

ALL ABOUT TEA

全巻目次

第1巻

はじめに

第1部 歴　史

第1章　茶の起源
第2章　中国と『茶経』
第3章　ヨーロッパへの茶の伝来
第4章　イギリスへの茶の伝来
第5章　アメリカへの茶の伝来
第6章　空前絶後の茶貿易独占
第7章　クリッパー船の黄金時代
第8章　ジャワとスマトラ征服
第9章　インド茶の大王国
第10章　セイロンでの大成功
第11章　その他の地域への茶の伝播

第2部 技　術

第12章　世界の茶産業
第13章　茶の特色
第14章　栽培と生産
第15章　中国における栽培と生産
第16章　日本における栽培と生産
第17章　台湾における栽培と生産
第18章　ジャワとスマトラにおける栽培と生産
第19章　インドにおける栽培と生産
第20章　セイロンにおける栽培と生産
第21章　その他の国の栽培と生産
第22章　製茶機の発達

第3部 科　学

第23章　茶の語源
第24章　茶の植物学と組織学
第25章　茶の化学
第26章　茶の薬学
第27章　茶と健康増進

第2巻

茶用語解説

第4部 取　引

第1章　生産国での売買
第2章　消費国での流通
第3章　卸売取引
第4章　小売取引
第5章　中国における茶貿易史
第6章　オランダ茶貿易史
第7章　イギリス茶貿易史
第8章　英領インドにおける茶貿易

第9章　イギリスの著名な会社
第10章　イギリス茶貿易組合
第11章　茶と株式取引
第12章　日本の茶貿易史
第13章　台湾の茶貿易
第14章　その他の地域の茶貿易
第15章　アメリカの茶貿易史
第16章　茶の広告の歴史
第17章　生産と消費

第5部　交流の場

第18章　喫茶のはじまり
第19章　日本の茶道
第20章　喫茶庭園からうまれた愉快な物語
第21章　ロンドン喫茶庭園

第22章　初期の作法と習慣
第23章　現代の作法と習慣
第24章　茶道具の進化
第25章　茶のいれかた

第6部　芸　術

第26章　茶と芸術
第27章　茶と文学

付　録
茶の年表
茶の辞書
茶の文献
索　引

ALL ABOUT TEA

日本の茶道

CHAPTER XIX

GLORIFICATION OF TEA IN JAPAN

How Tea-Drinking Was Given a Ritual, Then Became a Temple Ceremony, to Emerge as the Concomitant of Polite Social Intercourse—Daruma, Buddhism's Patron Saint of Tea—How Certain Ideas of Taoism and Zenism Became Embodied in Teaism—The Evolution of Cha-no-yu—Tea-room Esthetics—Stories of the Tea Masters—The Precepts of Rikyu—Details of the Ceremony—The Tea Room—Flower Arrangement and Art Appreciation

JAPAN'S greatest contribution to tea was the *Cha-no-yu*, or Tea Ceremony. While Lu Yu, author of the *Ch'a Ching* in China, was the first to codify tea, it remained for the Japanese *cha-jins*, or tea masters, to invest the serving of the beverage with a ceremony, the spirit of which still persists in the present-day tea service of Japan, and in the afternoon-tea functions of Europe and America.

In China and Japan, tea began as a medicine and grew into a beverage. Soon after Lu Yu wrote his book, tea was being generally celebrated by Chinese poets, and Japanese fancy created the Daruma legend of its origin.

It does not appear that Daruma ever came to Japan. However, Japanese Zen priests paid him high honor, and it was due largely to their proselyting that the story took such a hold on the popular fancy as to make his image a favorite with artists, with the *netsuke* carvers of toys, and even for tobacconists' signs.

The real Daruma—or Bodhidharma, as he was known in India—was the founder of the Dhyan, or Zen, sect of Buddhism, and was the twenty-eighth Buddhist patriarch. Leaving India, he reached Canton early in the reign of the emperor Wu Ti, about A.D. 520, bringing with him the sacred bowl of the patriarchs. The emperor invited the sage to his capital at Nanking and gave him as sanctuary a cave-temple in the mountains. Here Ta-mo, or the "White Buddha," as he was called by the Chinese, is said to have remained seated before a wall in meditation for nine years; wherefore he has been called the "wall-gazing saint."

Portrait of Daruma by Shokei, ca 1400.

The Daruma legend runs that during one of his meditations the saint fell asleep. Upon awakening, he was so chargrined that he cut off his eyelids to assure himself of no recurrence of the sin. Where the severed eyelids dropped to earth a strange plant came up. From its leaves it was found a drink could be prepared that would banish sleep. And so the divine herb was born and the tea beverage came into being.

Later, Ta-mo offended his emperor-patron by asserting that real merit could be found, not in works, but solely in purity and wisdom. Whereupon, he is said to have retired to Lo-yang, crossing the turbulent Yangtze on a reed. This feat has been the inspiration of Chinese artists and poets who celebrated it in painting, song, and story. A Japanese version pictures the saint as a swarthy Hindu priest, with a spiky black beard and supported by a millet stalk, riding the waves on a journey

最初の茶室がある義政の銀閣寺（京都）
（この建物は，もとは足利将軍義政の別荘であって，彼は将軍
職を退いた晩年をここで過ごし，茶の湯の儀式を行っていた。）

茶の湯に熱中していた義満の金閣寺
（この寺は応仁4年に足利将軍義満によって建てら
れた。茶室は金森宗和の意見に従って設計された。）
日本で初期の茶の湯の儀式が行われていた場所

いかにして喫茶に儀式的意義が付加され，やがて寺院での儀礼となり，礼節を重んじる社交の場と結びついたか——達磨，仏教界における茶聖——道教と禅がいかに茶道に具現化されたか——茶の湯の発展——茶室の美学——茶人の逸話——利休の教訓——茶礼の詳細——茶室——生け花，芸術鑑賞

日本は茶文化に多大な貢献をした。それが「茶の湯」である。中国人の陸羽が『茶経』〔758年頃〕を著し，初めて茶について体系的に論じたが，茶の点て方に儀礼性を付加したのは，日本の茶人であった。その精神は日本における喫茶点前において，現在も連綿と息づいている。また，ヨーロッパやアメリカのアフタヌーンティーにも見られる。

中国と日本では，茶は始め薬用であったが，嗜好品となった。陸羽の著作が世に出ると，中国で詩人達が茶を讃美の対象としていった。そして日本人は，茶の起源を達磨伝説の中に見ている。

工や，タバコ屋の看板の題材にもなった。本来，達磨は，インドでは菩提達磨（ボディータシマ）（仏教祖第二十八世）と呼ばれ，仏教の一宗派である禅宗の宗祖である。520年頃，インドを旅立ち，武帝統治の初期に中国・広東省に入る。そのとき，宗主の聖なる鉢（はつ）〔法を継ぐ証〕を持ってきた。武帝がその聖人を首都・南京に招き，聖地として山の中の洞穴の寺〔少林寺近くの五乳峰の洞〕を与えた。ここで，達磨（中国では白仏リと呼ばれている）は，面壁九年（めんぺきくねん）（壁に向かって9年間）の坐禅修行を行った。それゆえ，彼は「壁観婆羅門」（へきかんばらもん）と呼ばれているのである。

達磨像 祥啓筆 1400年頃

達磨が実際に日本に来た確証はない。しかし，日本の禅僧は達磨を崇め，達磨の物語を語り伝え，それが民衆の想像力をとらえた。芸術家は達磨像を好み，根付（ねつけ）〔工芸品〕の細

達磨木像

達磨伝説によると，あるとき，坐禅中に達磨が眠ってしまった。目が覚めたとき，とても憤慨し，決して罪を繰りかえさないためにとまぶたを切り落としてしまった。まぶたが

落ちた地面から，見たことのない木が生えてきた。この葉を煎じて飲むと，眠気を消すということがわかった。このようにして神秘的な薬草が生まれ，喫茶が始まったと言われている[2]。

後に，達磨は，支援者である武帝に「真の功徳というのは，何をしたかではなく，浄智にあるのだ」と言いはなったことで，武帝の機嫌をそこねた[3]。そこで，彼は急流の揚子江を葦の葉に乗って渡り，洛陽に隠遁した。この偉業は，中国の書画や物語の題材になっている。日本の絵画では，荒々しい黒い髭を

葦に乗り揚子江を渡る達磨
（無庵〔中国僧〕画　1600年頃）

たくわえた色黒のインド僧が，イネ科の植物の葉[4]で波に乗り，日本へと旅立つ聖として描かれている。達磨は，「ダルマ」という名で，日本玩具「起上り小法師」[5]（倒れないように重心をとってある）のモデルにもなった。根付師は，驚くほど長い不眠を貫いたことを面白く取り上げ，両手を頭の上まで伸ば

して豪快なあくびをし，払子（ハエ払い）を片手につかんでいる姿を彫った。また，愛嬌のある太目の体で，瞑想中の仏陀のように穏やかに坐禅を組んでいる様子を取り上げた。敬虔さを欠くが，クモの巣を這うクモとして描かれていることもある。また，美人芸者に目を奪われている姿など，禅の教祖としてのイメージから全くかけはなれてしまっているものもある*1)。

ユーモアにあふれた根付の達磨
（大英博物館蔵）

日本の伝説では，達磨は片岡山で入寂したと言われている[6]。528年〔伝150歳〕，達磨は息を引き取ると，極楽へ電光石火のごとく昇天したので，棺の中に片方の履を忘れていったという。それゆえ裸足で片方の草履を手にしている姿を描かれることがある。また，伝説では，埋葬されてから3年後に，中国の西の山脈を越えてインドに向かっていったところを見た人がいるという。その時も片方の履を手にしていたと言われ，皇帝が墓を掘りおこさせると，からっぽの棺に，脱ぎ捨

＊1)　Henry L. Joly, *Legend in Japanese Art*, London, 1908.

てられた片方の履だけ残っていた。〔隻履(せきり)達磨(だるま)〕

日本で最初に達磨の教義が説かれたのは，1191年，栄西禅師〔1141-1215〕による。栄西は中国留学中に禅宗へ改宗し，二度の留学を経て，茶の提唱者となっていた。栄西が活躍する約400年前から，喫茶や茶の種などが中国から紹介されてはいたが[7]，禅師が喫茶や茶の木の栽培を積極的に進めたのである。1201年[8]栄西は鎌倉へ招かれ，日本の武士層と禅が結びついていく。禅は，特に武士道に向いていたのである[*2]。

栄西木像
（京都建仁寺）

茶道の理想

「15世紀に，日本の茶への称賛は，『茶道』という美を重んじる宗教に準ずるものとなる」岡倉覚三はこのように述べている[*3]。

平安時代（794-1159年）[9]以前は，日本で仏教文化隆盛の時代であり，日本人は，宗教的で文学的（和歌を詠む）な会話を導くために喫茶をした。それが，平安時代末期になって初めて，儀式と結びついたのである[10]。喫茶の儀式は，仏教の布教に貢献し，また，文学的精神を養う一助となり，数百年を経て朝廷と王朝文学がもっとも花開く時代をもたらした。

僧侶たちは，茶が眠気を避けるだけでなく，食欲を抑える作用があることも知っていた。茶は，達磨の伝説によって僧侶にとって特別なものとなり，大きな癒しの力を持つと考えられた。次第に喫茶は，僧侶の宗教儀式から一般の人々へと広まっていった。「茶を一服」といって集まったときに，それは同胞や家臣の気のおけない集まりにも，学識を要する会，宗教上の会合，政治談議にもなりえた。後に，「茶の湯」において，喫茶は美学的儀式となった。

「茶の湯」は，英語で "hot water tea" という意味である。もともと茶会は寺院内で行われ，すべてが厳粛な儀式の中に調和していた。市中に舞台を移すと，庭の離れにおかれた小さな部屋で儀式を行い，自然の環境を再現しようとする。茶の湯のもっとも普及している流派の創始者である利休〔千利休 1522-91〕

---

*2) Herbert H. Gowen. D.D., F.R.G.S., *An Outline History of Japan*, New York, 1927.

*3) 岡倉覚三『茶の本』。著作権は Fox Duffield 社，ニューヨーク，1906-28年。Edinbrugh and London. T. N. Foulis, 1919.（この章への引用許可を取得）

は，茶室での軽薄な会話を禁じた。そして厳密な規則と定められた礼節に従って，無駄を省いた所作を求めた。緻密な哲理が茶の湯を支えており，それが完成した形こそ日本人のいう「茶道」である。

茶道とは，美への崇拝を基にした信仰である。自然の愛好と，ものの簡素化が基調をなす。清浄と調和と互いへの思いやりを説く。ある意味では，高貴な趣味人の礼賛といえるが，「人間性の一服」としてあるのだ。日本文化に常に影響を及ぼし，5世紀にわたり日本人の作法や慣習を形成してきた。陶磁器，漆器，絵画，文学にも反映されている。尊卑に関係なく，敬意をもって茶に接する。日本では，礼儀作法は一部の身分に限られるものではなく，一般の人でも礼儀正しい。生け花の美学は庶民も高貴な人にも等しく知られている。労働者階級であっても，名門王家のように，山水木[11]を敬う心がある。

日本では，人生における美しいものを理解する素養のない人を「茶ごころがない」と言う。唯美主義者に対しては，時に「茶気がありすぎる」と言う。

外国人の目からは，「空騒ぎ」ではないかと，疑問に思いがちであるが，岡倉は以下のように答えを出している。「我々，人間の喜びというものを一碗にたとえれば，どれほどちっぽけなものであろうか。涙ですぐに溢れてしまうくらいの大きさだ。際限の無い欲望によって，あっという間に一滴残らず飲みほされてしまうくらいのものだ。だからこそ，茶碗にこれほど大騒ぎをしても許されるだろう。人類の罪はもっと他にある。酒神バッカス〔ギリシャ神話　酒の神〕を崇拝し，多くを犠牲にしてきた。軍神マルス〔ローマ神話　戦の神〕の血まみれの姿を美化さえしてきた。なぜ，カメリヤ（茶の木）[12]の女神に身を捧げ，祭壇から溢れくる温かな慈愛を享受しないのか。その洗礼を受けた者は，白磁に映る琥珀色の液体を通して，孔子の快き寡黙，老子の小気味良さ，釈迦牟尼の浄土からの薫香に触れることになろう。」

茶道は，日本人の生活様式を表している。中国における茶会は日本と違い，陶芸家や芸術家に対して多くを求めてこなかった。中国では日本のように茶会が美学の中心とはならなかったのである。茶道はこういうものだという。「見出すであろう美を隠す術，あえて露にしたくないものを，ほのめかす術である。つまり，穏やかではあるが徹底的に己を笑う高尚な奥儀。それは哲学の微笑といえる。」

茶道に顕されているものは，道教と禅宗に共通する理念の多くである。道教は中国の主要な四つの宗教のうちのひとつである[13]。道教は孔子と同年代（紀元前500年頃）の道徳哲学者である老子の教義を基礎とし，民間に広まった。中国の教本には，茶で客をもてなす儀式は，有名な老子の弟子関尹が当時の漢の関所にて「老年の哲学者」を一杯の黄金の万能薬でもてなしたことに始まると書いてある。〔『史記』列伝第三：『茶の本』の引用箇所〕

道教と，その思想を受け継いだ禅宗は，中国南部の個人主義的な傾向を表している。逆

に中国北部のより保守的な共同体主義思想は，儒教に最も表れている。多くの点で道教と儒教は両極端というほど遠く離れている。

　岡倉天心が述べたように，禅宗は道教の教義を重要視している。

　　禅は，サンスクリット語の瞑想を意味するディヤーナに由来する名前である。禅は，神聖な瞑想を通して究極の自己実現が達成できると主張している。瞑想は，仏性に到達するための六つの方法〔六波羅蜜〕[14]のうちの一つ〔禅定〕である。禅宗徒は，釈迦牟尼が晩年禅定を格別に重視したこと，そしてそれを釈迦の一番弟子である迦葉に伝授したと断言している。彼らの伝承によれば，禅の始祖である迦葉[15]は阿難陀〔多聞第一と言われた釈迦十大弟子の一人〕にその秘儀を授け，以降は阿難陀から歴代の教祖に代々伝授され，ついに28代目の達磨大師に至った。

　　禅宗は道教と同じく，相対主義の崇拝である。ある老師は，禅とは南の空に北極星を感じ取る技能であると定義した。真理は，相対するものを包含することによってしか到達することができない。またその一方で，禅宗は道教と同じく，個人主義の徹底した擁護者である。自己の精神活動に関わるものだけが実存している。禅宗の六祖・慧能[16]〔638-713〕はある日，風にはためく仏塔の旗を，じっと見ている二人の僧に出会った。僧の一人は言った「動いているのは風である」，もう一人は「動いているのは旗である」と言った。しかし慧能は二人に「本当に動いているものは風でも旗でもなく，自分自身の心の中にあるものである」と説いた。〔『無門関』「非風非幡」〕

　　禅は，道教が儒教に対立しているのと同様に，しばしば正統な仏教の教えと対立した。禅の超越的な洞察力にとって，言葉は思考の邪魔者に過ぎない。仏教経典のあらん限りの影響力をもってしても，それは個人的な思索の注釈に過ぎない。禅宗徒は事物の外的な付属物を，真理をはっきりと認識することを妨げるものに過ぎないと見なし，そして事物の内的本性と直接交流しようとこころざした。禅宗徒が，精巧に色どられた典型的な仏画よりも，白黒の素描をより好むのは，抽象を好んだからである。禅宗徒の一部は，因習打破主義者にさえなった。それは偶像や象徴を通してではなく，自らの中に仏陀を見出だそうとした努力の結果である。丹霞[17]和尚〔739-824〕はある冬の寒い日に，木の仏像を打ち壊して焚き火にしたという。「何という畏れ多いことを！」と傍らで見ていた人が恐怖に襲われて言った。和尚は静かに「私は灰の中から舎利を拾うのだ」と答えた。「しかしこの仏像から，舎利（火葬の後，釈迦の遺骸から出てきた貴い宝石）を拾えるわけないじゃないか！」と叱咤され，丹霞和尚は答えた。「もし舎利が拾えない

のならば，これが仏陀ではないことは確かだ，だから私は罪深いことなどしていないのだ」そしてくるりと背を向けると，焚き火にあたった。〔『景徳伝灯録』第十四「丹霞焼仏」〕

禅が東洋思想になした特別な貢献は，世俗のものを精神的なものと同じ重要さをもつものと認めたことである。事物の偉大なる関係においては，大小の区別はまったくなく，一個の原子は宇宙と同等の可能性を有すると考えた。完全を求める者は，自分自身の生活の中に，内なる光の反映を発見しなければならない。禅院の組織は，この見地から極めて意義深いものであった。老師以外の修行僧全員は，禅院の管理をする何らかの特別な仕事が割り当てられた。奇妙なことに，新参者には比較的軽い務めが課せられるが，高位の僧には他の僧よりも退屈で下賤な仕事が課せられるのである。こういう作務は禅僧の修行の一部をなしていて，どんな些末な行為も絶対に完璧に果たされなければならない。そういうわけで多くの重要な問答が，庭の草取り，蕪の皮むき，喫茶などのかたわら次々にかわされた。茶道の理想全体が，人生のごく些少な出来事の中に偉大さを見出すこの禅の一帰結なのである。道教は審美的理想に基礎をあたえ，禅宗はそれらを実践的なものにした。

したがって明白なのは，茶の湯のいしずえに影響を与えた主な要素は，宗教性をもち，何世紀も受け継がれてきた中国哲学の真髄なのである。そしてそれは，驚異的な範囲にわたって日本の思考活動と芸術に影響を与えている。それは，芸術は富裕層のためだけに存在しているのではないということを知らしめてくれる。つまり芸術はしばしば最も素朴な民家や，つつましやかな庶民の気取らない営みの中に発見される。これらのものに気を配る老練の禅僧と茶人は，見せびらかしの悪習を説き，そして茶礼を通して，正道を踏みはずした求道者をまっすぐで細い小道に取り戻そうとした。

茶礼が，現在の日本において，ほとんど過去の遺物であることは遺憾である[18]。たまに茶礼が外国の旅行者のための歓待として行われているということを耳にする。しかし，高度な思考活動と簡素な生活を旨とする魅力的な茶会は，古の作法と習慣を愛する人々の間でしか開かれず，そういう人たちの数は減っている。

茶の湯の発展

茶礼の始まりは，達磨または釈迦牟尼の像を前にして，一杯の茶を飲む禅僧によって定められた儀式であった。禅院の仏壇は，床の間（日本式の部屋における上座）の原型であり，絵画と花が客人の教化のために置かれる。

茶の湯の初期の作法は将軍足利義政の治世（1443-73），日本が一時的に平和だったとき

に広められた。義政は彼の銀閣寺（銀楼閣）付きの茶頭役として、称名寺の僧であった珠光[19]（1423-1502）を選んだ。京都近郊のこの山荘で1477年には義政は隠居生活に入っていた。珠光はその高貴な庇護者に茶礼を手ほどきし、義政は茶道の虜になる。彼は自分の有名な御殿に、初めて四畳半（9フィート×9フィート）の茶室を増築した。さらに、熱心な茶道具や珍しい物品の収集者となり、茶会をたびたび開き、そして珠光を初の大宗匠に据えた。珠光の茶礼の作法大成は、古式を記憶していた人たちによって与えられた口伝の情報から形成された。この作法はその後のすべての茶礼において基礎とされた。珠光は抹茶（粉末状の茶）を使用した。義政は友人や家臣をもてなすだけではなく、武士に刀や甲冑の代わりに茶道具をほうびに取らせたこともあった。

日本初の茶室
（銀閣寺　東求堂）

最後の足利将軍を廃した有名な織田信長（1534-1582）は、茶の湯に没頭するようになった。そして信長に初めて茶の湯の教義を伝えた紹鷗[20]〔武野紹鷗 1502-55〕を、1575年ごろに二人目の大宗匠とした。紹鷗は、茶室の壁が紙張りであったのを改め、土壁を用いた[21]。

千利休は、道陳[22]〔北向道陳 1504-62〕と紹鷗という当時有名だった茶匠に師事した。そして一時、織田信長の茶会の茶頭役に召されたこともあった。ついで1586年ごろ、利休は「太閤さま」として知られている秀吉のもとで茶頭役となった。そして利休は秀吉の命をうけ、茶の作法を簡素化し、珠光以降に入りこんでいた茶の湯の悪習と贅沢主義を取り除いた。

1588年、京都近郊の北野の松の木の下で、秀吉は歴史的に有名な十日間にもわたる茶会を催した〔北野大茶湯〕[23]。すべての茶人が、茶道具を持参の上、集められた。もし従わなければ二度と茶会に参加することを許されないという条件下にあった。太閤は、召集に応じたすべての階級の人間と茶を共にした──なんと民主的な行動だろう。『豊臣勲功記』[24]にこう書かれている。「湯の煮えがついた音はあたりに聞こえわたっていたことだろう。約500人が集まり、3マイル〔4.8km〕四方ほどに広がった」

千利休は茶の湯を中流階級の人間にも広め、そして茶礼をより美的な段階へ高めた。利休は茶の湯の基本的な原理は、礼節に基づくものとみなしていた。そして、この芸術の中興の祖であるとみなされている。茶会はその本質として、清浄、閑寂、和敬、無心の心を必要とすると考えた。茶礼の冗長性と煩雑性をなくすために、多くの修正と改革を実行に移

した。

千利休の後になると，彼の愛弟子である古田織部正〔1544-1615〕は，1605年ごろにいくつかの古いしきたりを復活させた。また小堀政一〔小堀遠州 1579-1647〕が厳格な利休のスタイルから逸れて，華美な道具を豊富に取り揃えることを導入し，それによって15世紀の茶の湯の儀式の絢爛豪華な贅沢さを復活させようとした。さらに他の多くの名高い茶人が，細かな変更や型をいろいろと取り入れはしたが，以降400年間[25]は，重大な変化はなかった。小堀遠州守は徳川三代将軍家光（在職1623-51）の茶道指南だった。片桐石見守〔片桐石州 1605-73〕は六人目であり，そして最後の，広く認められた大宗匠〔天下一の称号〕であった。石州は茶の湯の指南役として，徳川将軍家綱（在職1651-80）に仕えた。

茶室の美学

茶室はもともと，「囲い」と言われ，日本家屋の一般的な客間の一部を仕切ったものであった。その後，茶席あるいは茶室として独立した部屋になった。

さらに発展して独立の建物となり，スキヤと呼ばれ，好き家（空想の居），空き家（空虚の居），数寄家（非対称の居）を意味する。これについて岡倉天心は次のように説明している。

詩的衝動を宿すはかない建物であるため，好き家である。一時の審美的必要性を満たすために置かれている物以外は，装飾が全く無いため空き家である。故意に余白を残し想像に委ねる，つまり不完全の崇拝という意味で数寄屋である。茶道の思想は16世紀以来わが国の建築に多大な影響を及ぼしてきており，今日の一般的な日本家屋内部の装飾の特徴は簡潔なので，外国人には味気なく見えるだろう。

最初の茶室は，今もなお，京都の銀閣寺を訪れる旅行者や巡拝者にとって，歴史的関心の対象となっている。部屋の中央の定まった位置に炉がある。ある旅行者は茶室を「趣あ

台子（点茶用の棚）と茶道具

茶道具一式
（ニューヨークメトロポリタン美術館）

るこぢんまりした穴ぐら」とか「有力な君主の別邸というより，むしろ遊び部屋のようなものだ」と表現した。それは修行僧の庵室のように殺風景で，足利義政に最も気に入られた，画家，詩人，茶人であった相阿弥〔足利家に仕えた同朋衆『君台観左右帳記』の作者〕の発案によっている。

夕佳亭
（金閣寺にある茶室）

初の付属設備を伴った茶室は豊臣秀吉に仕えていた千利休の創意により造られた。それは5人以上入れないような茶室自体と，茶道具を洗ったり準備したりするための水屋と，案内があるまで客が待っている待合，そして待合と茶室とをつなぐ露地を含んでいる。

茶室はそれ自身が清貧を示唆しているが，材料選定，手の込んだ施工が求められるので，通常は値の張るものである。その簡素性と清浄性は禅院に端を発している。10フィート（10尺）四方の大きさについて，岡倉天心は『維摩経』[26]〔第六章　獅子座〕の「文殊菩薩と八万四千人の仏陀の弟子をこの大きさの部屋に迎え入れる」の一節によっていると述べている。この譬えは，真に悟った者の「空」の理論に基づいている。露地は外界とのつながりを絶つための役割をはたし，瞑想への第一段階を意味している。

茶人は茶室への道を整えることに素晴らしい工夫を表現した。秩序だった不規性に基づいて飛び石が並べられており，枯れ松葉（敷松葉）や，コケに覆われた灯籠，常緑樹が，市中にいながら山居にある気分をもたらした。千利休は露地を作る際に閑寂，清浄といった効果を持たせるための秘訣は，次の古歌に見つけられると言った。

　　見渡せば花も紅葉もなかりけり
　　　浦のとまやの秋の夕暮[27]

偉大な茶人であった小堀遠州守は次の句に着想を得た。

　　夕月夜　海すこしある　木の間かな[28]

こうして心構えができ，客は茶の聖域へと近づく。茶室は平和の家であるので，もし侍であれば，軒下の棚〔刀掛け〕に刀を置いた。手を洗った後，貴人，庶民ともに謙遜の心を引き出すよう高さが3フィート（90cm）に満たない引き戸〔にじり口〕に身を屈めて入る。内部では，亭主と客は茶礼のために定められた厳しい作法に従う。美と閑寂に寄与する思想を描写するのではなく，暗示するためのものが数点，すべての茶室に存在する。掛け物，生け花，釜の音，室内の全体的な清潔さ，美しさ，その建築のはかなさが人生の無

常を思わせ，これら全てのことは客の魂を魅了し，抽象的な真理や美を考えさせ，そして一時の間，日常世界の厳しさや粗雑さを忘れさせることを意図していた。

　禅的発想に従えば，自然と空想的かつ空虚で，非対称の居となったのである。日本では，茶の湯の価値観が，芸術や産業デザインにおいても多大な影響を与えたことは，想像に難くない。この影響により，芸術作品は，保守的な表現に抑えられていき，虚飾や卑俗な傾向は，厳格かつ即座に避けられていった。

　真の「芸術鑑賞」と「生け花」という芸術の誕生は，茶道と共にあった。岡倉は，『茶の本』において，それぞれを一章として扱っている。そして以下のように書いている。茶人は信仰心を持って自らの宝物を守ってきた。幾重にも入子になった箱を一つ一つ開けていかないとその物が出てこないようになっていることが多く，ユダヤ神殿の至聖所に横たわっている絹包みの柔らかな衣の内の聖物に到達するようかのである[29]。そのようなものは，めったに人目に触れることはなく，奥義を伝授された者にのみに開示された。

　茶人は，花を，茶室を装飾する取り合わせの一つとして位置づけた。その後，茶室から生け花は独立し，「華道」が生まれたのである。茶室での花は多くを語るものであるが，あまりうるさい花は禁花となった。片桐は，庭に雪が降り積もっているときは，床の間に白梅はふさわしくないと定めた。しかし晩冬の茶室では野桜の小枝と椿のつぼみが生けられているのを見かけるだろう。その組み合わせは春の気配を表す。また，暑い夏の日中，薄暗い茶室に入り，掛け花入れに生けられた朝露に濡れた一輪の百合を見て，その表現するところを想うと，沈んだ心も洗われるだろう。

　もし床の間に花を生けたら，花の掛け物を飾るのは差し控える。また，円形の釜を使えば，角張った水指（みずさし）を合わせる。床柱は色の違う木材を用いる。それは単調を避け，対称を一切感じさせないようにするためである。岡倉は「床の間に香炉を置くときは，真ん中に置かないように，床の間が正確に二等分されないように，注意が払われなければならない」と示した〔峰擦りの法〕。

　茶道の教えは，13世紀以降の日本人の思想と生活に大きな影響をもたらした。これは非常に恵み深い影響であり，日本の最も純粋な理想をたどると，茶道の教えにいきつく。豪華趣味は優雅に洗練され，克己は究極の美徳となり，質素は最高の魅力となった。芸術的かつ詩的な理想が生まれ，日本人が存在するかぎり失われることのないロマンティシズムが生み出された。「茶の湯」のように，高度な思想と簡素な生活の教えが実践にうつさ

携帯用茶道具

日本の茶道

れている例は，世界の歴史をみても他にない。

茶匠の逸話

昔の茶匠にまつわる多くの逸話が残されており，かれらの厳格さや高潔な思想を見せてくれる。同時に，その意識は茶の湯の作法と慣習にも，つぶさに投影されている。例えば，秀吉の茶頭であった利休は，茶の湯の極意を尋ねられて，「茶の湯の特別な秘事というものはございませんが，好みに合わせて茶を点て，湯が沸くに良い火を作るように炉に炭をつぎ，花を自然のままに生け，夏には涼しきように，冬には暖かにもてなす」と答えた。あまりに気の抜けた答えに，なんともがっかりして，その人は「そんなことを知らない人がおりましょうか」と答えた。利休はここぞとばかりに「では，ご存知であれば，そうすればよろしいでしょう」と返した[30]。

或る時，利休は息子の少庵が路次掃除と水撒きをしているときに，「まだ充分に行き届いていない。もう一度」と言われた。再び，息子は戻ってきて言った。「路地の敷石や灯篭，樹木や苔を洗い清めました。それに苔は水撒きをしたので，輝くばかりです。一本の小枝も葉も落ちていません」「若輩の愚か者よ」と利休は嘆息の声を上げた。「それでは路地を掃除したとは言えないんだよ。私が手本をみせよう」利休は路地に出ると，紅葉の木をつかんだ。紅色と黄金の葉が美しくはえているその木を前後にやさしく揺らすと，庭のあちらこちらに葉が撒き散らされていく。

まるで自然自身が最後の仕上げをしたかのように見えた。つまり，茶の湯の真理に基づき，清浄と自然美が融合されたのだ[31]。

利休像

利休にはまた，花にまつわる逸話もある。大切に手を入れ育てられた朝顔が咲くすばらしい庭に関する話である。この評判は太閤にまで届き，太閤はこれを見たいと伝え，そこで利休は太閤を茶に招いた。太閤はやってきて，驚いた。庭はすでに変わり果て，美しい砂地が広がっているだけであった。立腹して茶室に入ると，床の間に朝顔がたった一輪だけ珍しい花器に全庭園の女王のごとく，生けてあったのだ[32]。

茶の湯の信奉者が尊重する真実の悲しいことよ！ 千人に一人ともいえる茶の大成者，利休でさえ，その犠牲者になってしまった。太閤は，未亡人となった利休の娘の美しさに打たれて，側室として求めたと言われている。利休が，娘はまだ夫の喪に服していると弁明し，許しを請うたところ，太閤は怒った[33]。

裏切りがはびこった時代で，人々は，最も近しい縁者でさえ信用できない時代

（岡倉の記録による）のことであった。利休はご機嫌とりの家臣ではなく，時には気性の激しい秀吉に，異を唱えることも辞さなかった。太閤と利休の関係がしばらく冷え切っている時，それを好機として，利休に反感を抱いている者は，秀吉を毒殺する陰謀に利休が関係していると告発した。「あの茶人が，一服の緑色の飲み物に毒を盛ろうとしている」と秀吉に密告があった[34]。

秀吉にとって，疑惑とは即座に処刑するのに十分な根拠であり，怒れる権力者にはどんな弁明も通用しない。この罪人に唯一許された特権は，名誉の自害であった。

自害に臨む運命の日のことである。利休は高弟たちを最後の茶会に招いた[35]。約束の時間に皆，悲しげな面持ちで待合に集まった。客が露地を見ると，木が震えているように見え，また木の葉がすれる音は，さまよえる霊のささやきを思わせた。灰色の石灯籠（いしどうろう）は，厳かなる冥界の門番のように立っている。茶室からは高貴な香りが漂ってきて，客に入室を促した。

客は一人一人入室し，席につく。床の間には掛け物が一つ。「無常」を説いた古の僧侶による見事な作品であった。炉の上で煮えのついた釜の音は，過ぎゆく夏を悲しむ蝉の鳴き声のようであった。やがて主人が部屋に入ってきた。順に茶が出され，それぞれ静かに飲み干し，最後に主人が自服した。作法に則って，ここで正客が茶道具の拝見を願い出た。利休は掛け物とともに様々な道具を客の前に並べた。一同がそれらの美しさを賞賛した後，利休は客に一つずつ形見の品として与えた。唯一茶碗だけを手元に残し，「不幸な者の唇で穢れたこの茶碗が二度と使われることがないように」と言って，茶碗を粉々に砕いてしまった。

茶会は終わり，客たちはかろうじて涙をこらえ，最後の別れを告げて席を後にした。ただ一人，一番の近親の者が残って最期を見届けるよう求められた。そして利休は茶会の着物を脱ぎ，それを丁寧に折りたたみ，畳の上に置いた。着物の下からは，それまで隠れていた真白な死装束が露になった。命を断つ剣のきらめく刃を静かに見つめ，次のような美しい辞世を詠んだ[36]。

　汝を歓迎しよう
　嗚呼永遠の剣よ！
　仏陀と達磨を貫いて
　汝はやってきた

利休は微笑を浮かべ，未知の世界へと旅立っていった。

小堀遠州守は，利休に続く茶人で，かなりの目利きであった。彼は「素晴らしい絵に接するに，偉大な主君に接するようにすべきだ」という言葉を残している。

日本の茶道

遠州の弟子たちが，彼の美術品[37]のコレクションを褒め称え，弟子の一人が小堀に，「先生の収集は利休のものより優れています，なぜならこれらの道具はだれもが良いとわかるものであるのに，利休の道具は千人に一人しかその良さがわからないからだ」と言ったのに対し，小堀は強い語調でこう言った。「私はなんと凡庸なことか。私は大衆の好みに適っているということだ。利休は自身の美的感覚に訴えるものだけを集めていた。本当に，彼は茶人の中でも千人に一人の逸材であった」

茶の湯が，卑劣な目的で利用されるときもあった。加藤清正〔1562-1611〕は，秀吉の朝鮮出兵に，大将として参加した。その清正は，家康の命により，茶会でヒ素を用いられ，毒殺されたと言われている。家康は家臣に茶会の亭主を務めさせ，清正をその茶会に招いた[38]。亭主は確実に死につながるのを知りつつも，清正が同じようにするように促すため，茶を飲み，その結果，死んでしまった。一方，清正は，強靭な体質であったため，しばらくは毒に耐えたが，やがてこの世を去った。

利休の教訓

以下の利休の教えである作法は，茶礼に携わる人々に，普遍的な行動規範として，長く用いられてきた。

作法と格言〔露地清茶規約〕[39]

1．待合に客全員が集まれば，すぐに板木を打って到着を知らせる
2．茶会で席入するときに，ただ顔や手を洗うというだけでなく，第一に心を清めているということが大切である。
3．亭主が迎えに出て来て，席入の案内をする。亭主は貧で，茶会に充分な茶や道具が用意することができず，食事も美味がない。樹石の趣きが感じられないなら，客は直ちに帰るべきだ。
4．湯の煮えがモミの木々を揺らす風のような音となり，喚鐘の音が聞こえたら，客は待合から戻らねばならない。湯相と火相の妙時を忘れれば大罪である。
5．昔から茶室内外で世俗的な話をすることは禁じられている。禁じられているのは，政治に関する話題，特に陰口である。唯一話してよいのは，茶や茶の世界に関することである。
6．客も亭主も，誠実で清浄な会において，巧言令色を用いない。
7．一会は二時(ふたとき)（西洋の4時間のこと）を過ぎないように。但し，これらの清茶法についての話であれば時間を過ぎてもかまわない。

茶の世界においては，身分の差異に関わらず，自由に交わることができる[40]。
天正12（1584）年9月9日記す[41]

この但し書きには，次の説明が加えられよ

う。社会的地位の格差はないとはいえ，客が茶会の礼法にどれくらい通じているかに比例して，差をつけて扱われることもある。

名物道具の所持者は，一種の名誉を与えられ，敬意を払われる。また，宗匠（茶礼を極めた者）の子孫であれば，一般の人より上位におかれる。利休は茶室の大きさを四畳半から二畳半へと縮めた[42]。

茶事の詳細

実際の茶会の詳細を見ていこう。まずは，茶会の参加者について少し説明する。ここからは，大部分が故W・ハーディング・スミス氏の「茶の湯」という論文からの引用であり，以前にロンドン日本協会で紹介されたものである[*4]。

礼法では，客は四人より多くは招かない。一般的に，茶の湯における経験と技により正客が選ばれ，他の客の手本を示す者，または代弁者として振る舞った。正客は，床の間の近くで，亭主から見て左側へ（図8参照），亭主とほぼ向かい合って座った。全てはまず初めに正客に出された。他の客の要望も全て正客を通して亭主に知らされた。正客は一番初めに茶室に入った。もし，正客が特に熟練した敬虔な茶人であれば，清潔，清浄，悟道の実践を目指して，剃髪の姿であることが多かった。多くの他の細かい点にも見られるよ

うに，これもまた宗教的起因による事を示していると考えられる。

「茶室」は通常，四畳半（およそ9フィート四方）で，一畳は180cm×90cm（6×3フィート）であった。茶室は通常，母屋から離れて建てられ，完全に独立して建っていた。

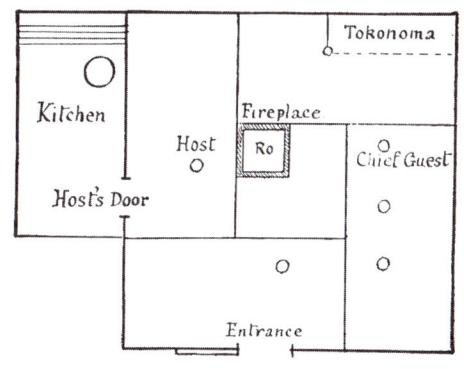

図1 茶室の平面図

図1は茶室の平面図である。図2は，日本で書かれた狩野宗朴〔1908年没 裏千家門弟十二代玄室に師事〕による『茶道早学』（茶の湯の簡単な手引書）〔1883年 全10冊〕と題された本からのもので，茶庭の概観である。前景に茶室が見え，引き戸（にじり口）がある。その左に手水鉢（洗面用の場所）がある。茶室の一角には「水屋」と呼ばれる，一種の台所があり，茶道具が置いてあった。茶室からそう遠くない所に「待合」という屋根つきの腰掛けがあり，ここで客同士が待ち合わせ，待ち時間を過ごした。ここには，たばこ盆[43]が用意されていた。

茶室は一方に引き戸のついた入り口を有していた。約60cm（2フィート）四方の大きさで，客はここから入室した。そしてもう一つ水屋につながる戸口（茶道口）がある。別

---

*4) W. Harding Smith. 'Cha-no-yu' ロンドン日本協会（紀要）5巻第1部，1900年，ロンドン（許可取得済）〔London Japan Society 創立1891年〕

図2　路地と茶室

の面には床の間があり，通常「掛物」つまり，画を掛けたり，名士の手による書を掛けていた。また，床の間の横の柱には竹かご籠の花入を掛けていた。花入は天井から吊るされていることもあった。掛物や生け花は，簡素であることを旨とされている。図3の絵は水屋の内部であり，狩野宗朴による『抹茶独稽古茶の湯概則』〔1884年刊〕という本のものである。

　露路は，岩，植物，低木，石灯篭が配され，時には山水の景観が凝縮しているように造られた。飛び石が行く先を導くように敷かれていた。

　客全員が集まると，亭主へ銅鑼や喚鐘を鳴らして合図した。亭主は，席入の案内をして，つくばって（しゃがんで），客に自分より先に茶室に入ってもらうように促した。客は，手水鉢〔図5参照〕で，最初に手と顔を洗う[44]。手水鉢とは，天然の岩で，上部にえぐられたような窪みがある。そして，手に水を掛けるように柄杓が置かれていた。冬には，客のために湯の入った器（湯桶）[45]が手水鉢の脇に置かれる。客は，茶室に入る前に，草履を縦にして，入り口の前の石に立てかけて置いた。挿絵の図4と図5は，客が待合から，茶室に向かうところを示している。一人の客が手水鉢で手を洗い，他の客は，低い入

図3　水　屋

図4　待合から茶室へ向かう客

図5　茶室特有のにじり口より入室する客

り口から入室しようというところ。

　客全員が入り，亭主と向かい合って座り，それぞれが挨拶を交した。そして亭主は，客に来訪の礼を述べた後に，立ち上がって茶道口に下がり，「炭点前をいたします」と告げた。亭主がいない間に，茶室や道具飾りを鑑賞しておいた。床の間の前で正座をして，掛け物と生け花を型どおりに拝見した。

図7　茶室に入る客と床の間を拝見する客

　客が入室するときに，一人ずつ拝見していく場合もある。挿絵の図7は，一人の客が床の間に面して座り，熟視している様子が描かれており，一方，他の客はちょうど低い入り口から入ってきたところ。一般的に，掛物の形態は，足利家御用絵師達[46]の簡素な水墨画が最もふさわしいと思われる。雪村〔16世紀〕の風景画が優れた作品として代表的な例である[47]。この花の飾り方の形式は，後に「生け花」として，芸術の一形態となり，日本人に広く普及していく。ここでの理想も，虚飾性を廃し，簡素であることで，植物が「野にあるように」生けることが，配色よりも重要なのだと考えられている。花を生ける花入は，精巧な造りの青銅の器から，単純な籠や，竹の一枝を切った簡素なものなど様々である。茶の湯における花とは，素材は

日本の茶道

いたって簡素でありながら、非常に目を楽します効果がある。茶事で、最も特徴的な花の生け方は、床の間の壁か、床の間の脇柱に掛けてある籠細工（図6）の花入であろう。この様子は、図7を参照。より詳細な絵は図17にある。赤い花や、強い香りの花は避けられている。

図6　掛け花入

図8は、南禅寺の茶室〔金地院八窓席遠州好〕に客が集まっている様子。モース〔Edward S. Morse 1838-1925〕の『日本の家屋』〔*Japanese Homes and Their Surroundings*, 1886〕の挿絵を改作。亭主は、客前で炭点前を行うために、茶室へ炭斗を持って戻ってきた。炭斗には、5×1.5インチ〔12.7cm×3.8cm：現代の風炉の胴炭に近い〕と2.5×1インチ〔6.4cm×2.5cm：現代の風炉の管炭に近い〕等定められたサイズ[48]の炭が数本、三枚羽の羽箒、鐶（一箇所区切れたところのある鉄の輪で、釜を持ち上げるために用いる）、火箸（炭をはさむ道具）が仕組んであった。

　非常にゆっくりと慎重に歩をすすめ、畳の上に炭斗を置いた。それから、灰の一杯入った器と竹べら〔灰匙〕[49]を運び、これらを炉の側に配置した。炉に置きつけられている釜を取り上げ、火からはずして、竹の釜敷の上に乗せた。

　図9は茶の湯では使用する主な用具類。

　図10は様々な釜の形。図の11は、有名な利休が考案した形の棚。これらの図はすべて『茶道早学』〔全10冊、狩野宗朴著、1883年〕より。

　釜は鉄製のものが一般的で、青銅製[50]もあった。そして意図的に表面を粗くしあげていた。著名な茶人達によって、新しい形が考案された。釜が五徳より上がると、これが合図となり、客が拝見の挨拶をして炉に近寄り、炭点前と火のおこり具合を拝見した。亭主は最初にくすぶっている残り火を積み重ね、新しい炭を格子状に組み合わせていくように置いた。そして、灰匙（竹べら）で、趣がでるように新しい灰を撒いていった。次に、2〜3本の白い炭〔枝灰〕を一番上に置く。この

図8　南禅寺茶室と客

図9　茶会用の茶道具一式
（1. 茶臼　2. 火箸　3. 炭籠　4. 風炉　5. 釜　6. 水指　7. 茶碗　8. 茶筅　9. 香合　10. 鐶　11. 竹釜
敷　12. 三羽箒　13. こぼし　14. 茶杓　15. 茶入　16. 仕覆（茶入の袋）　17. 柄杓　18. 蓋置）

白い炭は，ツツジの枝からできていて，それにカキの殻の粉と水を混ぜたものを塗ったものである。図12は，亭主の炭点前をしようとしているところを，客が拝見している様子。

亭主は，香合（香箱）から取り出した小さな香を入れ，最後に五徳の上に釜を戻す。そこで客は亭主に，しかるべく誉め言葉を述べて，香合の拝見を所望した。香合は，その

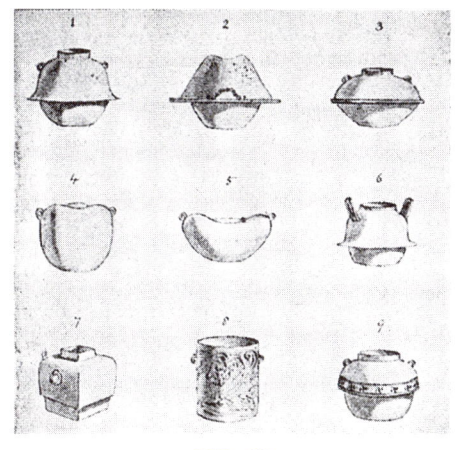

多くが芸術作品である。香合が亭主に返されると，茶事の流れにおける「中立ち」（休憩時間）となる。亭主が下がっている間に，客は庭に出ていった。

中立ちの間に，茶事の初座におけるいろいろな様式について少し説明しておかねばなるまい。夏と冬では様式に何点か違いがある。夏の風炉（炭火用の器）は，陶器製[51]を使用し，床や畳の上に載せてある。香合と茶入（茶の器）は漆器である。冬の香合と茶入は陶磁器製のものを使用する[52]。炉（囲炉裏）は内側が金属[53]で裏打ちされた正方形で，だ

図10　釜
（1. 鶴首　2. 富士　3. 梅　4. 利休型　5. 信
長所持　6. 唐犬　7. 四方　8. 竜　9. 正字）

図12　炭手前

日本の茶道

いたい18×18インチ〔45.7cm四方〕の大きさである。畳の表面と同じ高さになるように埋め込まれている。さらに冬の茶事では，庭は枯れ松葉が撒かれていた〔敷松葉〕。夏は庭に打ち水がされていて，飛び石はきれいに磨かれていた。亭主の趣向によって異なると述べている者もいるが，通常は，夏様式〔風炉〕は5月から10月，冬様式〔炉〕は11月から4月と分けられている。茶室には普通，秋は菊，夏は牡丹，春は桜，というように季節に合わせた装飾品が用いられる。掛け物も季節ごとに替えられ，漆器類も同様に，季節を表していることが多い。茶事の種類によって時間が異なるが，正式であるとされているのは下記の通り。

1．夜込（夜通し）：夏，午前5時。昼顔のような，すぐにしぼんでしまう花が床の間に飾られる。
2．朝茶：冬，午前7時。雪が積もっている時期が好まれ，新雪の光景を愛でる。
3．飯後（朝食後）：午前8時
4．正午（真昼）：12時
5．夜咄（夜の話）：午後6時
6．不時：上記以外の時間[54]

さて，亭主と客が茶室から退席したところまでさきほど述べた。客の退席後，亭主は茶室を掃き清め，新たに花を生ける。コンドル氏は日本の生け花に関する著書〔*The Flowers of Japan and The Art of Floral Arrangement* ジョサイア・コンドル，1891〕の中で，「時に，客が引いた後，亭主は掛け物を取り外し，そこに改めて生けた花を掛ける」と書いている。そして，湯が沸くとすぐに，鐘を鳴らしたり，銅鑼をたたいたりして客に再入室の合図をした。客全員が再び茶室に入れば，亭主は食事と酒を客の前に持ち出した。すべて正客から振舞った。すべての客に白い紙が用意されていて，料理が食べ切れなければそれで包み，何も残さないようにした。食事の最後に，通常，菓子が出てくる。食事は通常，質素で，16世紀の様式を用いていた[55]。

茶事の第二段目の後，二度目の中立がある。この間に，亭主が部屋を再び改めて，最高礼装に着替え，この次に行う重要な儀式に臨む。一方，中立は一回だけと言う専門家もある。どちらの説が正しいかははっきりしていないが，いずれにしろ茶事の最も重要な儀式はこれから始まるのである。

亭主は，2フィート〔約61cm〕ほどの高さの桑の棚（図11参照：棚は省略される）と，漆または陶磁製の茶入（陶器製の小壺

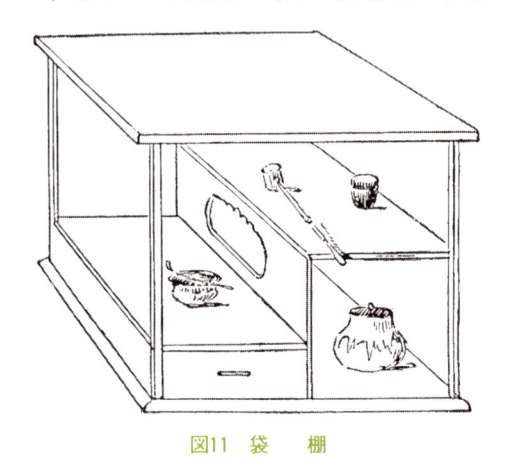

図11　袋　棚

は骨董品として価値が高く，貴重であるため，特に陶磁製が尊ばれる）をそれぞれ別々に，非常に厳かに運び入れた[56]。このような壺には通常，象牙の蓋があり，絹の錦織の袋（著名な人物の着物から作ることが多かった）に大切に包まれている。最高級品は，加藤四郎左衛門（藤四郎）[57]作の瀬戸焼の茶入である。1225年に中国に渡り，5年間陶芸を学び，陶器製作のための材料を持ち帰ったという。中国の土で作られた茶入は最も高く評価されていた。

茶入の形は多様で，図13は茶入の形や様式の内のほんの一例。これについてもっと深く学びたいという場合は，大英博物館に足を運ぶのが最善の方法であろう。大英博物館には，フランクの遺贈品として，イギリス国内最高の茶入のコレクションがあり，また数多くのすばらしい茶碗が展示されている[58]。その他の茶道具は，サウスケンジントンの極東コーナーの中にある日本陶器のところで見ることができる[59]。

図13 茶入と香合

亭主が再び水指[60]（水用の器。釜に水を足すためのもの）を持ってきた。水指は，たいへん古いものが多く，上品な形で洗練された職人芸の作品もあるが，非常に荒削りな形の作風が多かった。そして，いずれにせよ，うわ薬に最大の魅力がある。図14は水指として非常に高く評価されている陶器の類。No.1は古瀬戸焼〔主に初代作瀬戸焼を言う〕。深い灰色で，口の部分に緑色っぽいうわ薬がかけられている。手ひねりによって作られた作品。蓋は漆塗りの木製。No.2は高取焼〔福岡県〕で，濃淡のある茶色。

図14 水　指
（ロンドン日本協会紀要の論文の挿絵には，左がNo.1，右にNo.2とあったが，ここではとられている）

茶碗は最も重要な器で，茶の愛好家にも大変珍重されていた。唐津焼〔佐賀県〜長崎県〕，薩摩焼〔鹿児島県〕，相馬焼〔福島県〕，仁清焼〔京都〕，そして特に楽焼。これらの焼き物はすべて茶碗によく適している。楽焼は，茶人に特に高く評価されている。楽焼の創始者である阿米夜（李朝朝鮮の人，1574年没）の息子である長次郎に，太閤様が金印を与えるほどであった。当時，太閤様の城であった聚楽〔聚楽第〕の二文字目の「楽」（喜びの意）の字を刻印するのを許したので

ある。大名が授ける褒美としては最高級のものであった。楽茶碗の素材は、茶道具としてまさに理にかなっている。厚造りで、多孔質の粘土を用いてるため熱が伝わりづらい。表面が荒いので持ちやすく、また口造り⁽⁶¹⁾が内向きに微妙な丸みがつけてあるため、茶が垂れるのを防いでくれる。うわ薬が口当たりを滑らかに、心地よいものにしている。さらに、素朴な黒い陶器は、泡だった抹茶を美しく見せ、茶を、これ以上ないくらいに引き立てて見せることも忘れてはならない事実である。

図15は、茶碗の例。

図15 茶　碗

前述の道具に加え、以下のようなものがある。道具を洗うときに使う「水こぼし」（水をこぼす器）、抹茶を泡立てるための「茶筅」（竹製の泡だて器）、竹製のスプーンである「茶杓」（図16参照）、通常は紫色で、茶碗やその他の道具を拭く「帛紗」（絹の布）[62]。帛紗を使うとその都度、一定の作法で折りたたまれ、亭主の着物の懐にしまわれた。これらの道具はすべて、定められた順にひとつひとつ席へ持ち込まれた。

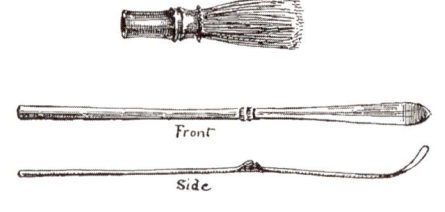

図16　茶筅と茶杓

亭主が茶道具をすべて茶席に持ち込んだ後、全員の客と挨拶を交わし、茶礼が始まった。茶道具はすべて拭き清められ、亭主は絹の袋から茶入れを取り出し、匙2杯半[63]の抹茶（粉の緑茶）を茶碗に入れた。このお茶は、我々が普段使うような葉茶ではなく、臼で細かい粉になるまで引かれたものである。そして、柄杓を使って、釜から湯を茶碗に注いだ。釜の湯が熱すぎる場合には、茶が苦くなりすぎてしまうので、湯冷ましと呼ばれる水差し[64]から釜の中に水を注ぎ、ある程度冷ましてから行う。

濃茶（豆スープくらいの濃さ）を作るのに適量の湯を注いだ後、茶筅で表面が泡立つまで強く泡立て[65]、それを正客に渡した。正客はそれをすすり、お茶の詰元について尋ねた。それは、我々が貴重な年代ものの古いポートワインや赤ワインについて語るのと同様である。亭主に対する表敬のため、この茶を飲むときは、息を吸いながら、茶をすする大きな音をさせることが礼儀であると考えられていた[66]。図17（『抹茶独稽古』より）は茶会の様子をあらわしている。亭主の座っている周囲には茶道具が置かれ、客の一人が茶を飲ん

図17 茶道具を前にして座る亭主と客の一人が茶を飲む様子

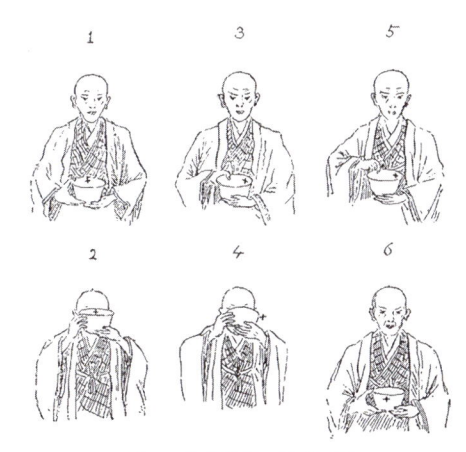

図18 茶を飲む6段階の図

でいる。

　正客が飲み終わると，茶碗を次の客に渡した。亭主に至るまで順番に渡していき，最後に亭主が飲んだ[67]。茶碗を渡すときには，布（ナプキン）が添えられていることもあった。これは，茶碗を持つためだけでなく，各自が飲んだあとで茶碗を拭くために使われた[68]。茶碗は左手のひらに預けて，右手の指で支える。言葉で説明するより，図18を見ると，茶碗の持ち方の作法がわかりやすいだろう。

　No.1：客が茶碗を手に取る。
　No.2：茶碗を額の高さまで持ち上げる。
　No.3：茶碗を再び下げる。
　No.4：飲む。
　No.5：再び下に下げる。
　No.6：No.1と同じ位置。

No.3〜6の4段階で茶碗を時計回りに半回転し，はじめは客側だった位置が，徐々にその反対側に回っている。（茶碗側面の＋印に注目）

　亭主は飲み終えると，必ず「お粗末さまでございます」などと言ってわびていた。これが正式な作法なのである。そのあと，空の茶碗は骨董価値や歴史的価値を賞玩するために客の間で回される。これをもって茶礼が終わり，亭主が茶碗や茶器を洗い清めた後，客は立ち去る。亭主は出入口〔にじり口〕でひざまずき，客の賛辞と暇乞いの挨拶をお辞儀と敬意を持って受け，客を送り出した。〔送り出しの礼〕

　「薄茶」の式は，儀礼的な茶〔濃茶〕の後に菓子や煙草と一緒にいただく，と紹介する書もある。しかし最も権威のあるものには「薄茶」は，「濃茶」という茶礼の前だと書いてある[69]。

　ときどき，濃茶を省いて単独でおこなわれる薄茶の茶会は，格式ばらず，濃茶と同じ形式の茶室または客間で催される。招待客の数は限らず，各人が一碗ずつ飲む[70]。同じように茶室と道具の吟味がなされるが，「濃茶」のときほど格式ばらない。

日本の茶道

奈良西大寺　毎年恒例の大茶盛式　特大茶碗を拝見する様子

訳　注

1）**白仏**　「白仏」を達磨に当てる中国語の例が見当たらない。
「白」という言葉は、「つげる」「もうす」という意味があり、たとえば『法華経』の「爾時華徳菩薩白仏言」（妙音菩薩品第二十四）は「その時、華徳菩薩は仏に白（もう）して言わく」と読む。これを、「華徳菩薩＝白仏が言う」という風に読んだのか。（禅文化研究所）

また、「白仏は大日如来のことを指す例はある。しかし、達磨を白仏という表現は見当たらない」（達磨博物館館長談）大日如来は、仏法そのものをあらわす「法」身仏。ダルマ（dharma）は「法」の意味を示すサンスクリット語であるため、混合か。

2）**達磨伝説**　ユーカース来日時に大谷会頭（中央茶業組合）が贈った英文パンフレット『日本茶は世界の至宝』に「ケンペルの『日本史』を日本の伝説だとて（以下略）」と、この達磨伝説を紹介している。また、この章の参考文献であるロンドン日本協会紀要論文「茶の湯」（後述の本文注を参照）にも同じ伝説が掲載されている。

3）**無功徳**　鈴木大拙著 *Essays in Zen Buddhism*（1927年初版）に同じ話がある。（以下日本語訳）
「武帝が達磨に尋ねた。『多くの寺を建て、写経もし、僧侶を助けたが、功徳はどのようなものだろうか』すると、『無功徳』と達磨は答えた。『なぜか』という武帝の問いに、『そんなものは、すべておろかな行為です。極楽浄土へ成仏するか、また生まれ変わるかという時限の話で、世俗的なことに留まっており、本体の影のようなものです。実在のように見えても、無に過ぎないのです。本当の功徳の行為というのは、『浄智』（純粋な智慧）にあるのです。それは実在として存在しているものではなく、人知を超えたところに真理があるのです。そういうものは、世俗的な業績などを求めるものではありません』」
禅の仏典では『祖堂集』（最古の禅宗史書）にある。

4）**イネ科の植物**　原文では、millet stalk（イネ科の植物、キビ、アワ、ヒエ類の茎）とある。葦（reed）と英単語が使い分けてある。

5）**達磨の玩具**　達磨は、中国では、「不倒翁」と親しまれ、明時代には、張子で玩具が作られていた。老いても倒れないという不老長寿を象徴するものであり、日本に伝えられたのは室町時代（1338-1573年）の後半と言われている。日本では、これを子供の姿に変えて、「起き上がり小法師」が作られた。江戸時代中期になると、「起き上がり達磨」の図が黒本『持遊太平記』（1777年版）に見られる。また、幕末の『近世風俗志』に「起きやがり小法師と訓ず。今生、専ら達磨の像なる多し」とあり、江戸時代以降には、達磨のほうが流行していたと考えられる。（藤枝市郷土博物館だるま展図録、2004年版）

6）**達磨が日本に来たという伝説**　『日本書紀』に、推古21（613）年、聖徳太子40歳、12月1日として記されている。太子が片岡山で行き倒れかけている飢者に会い、食物や衣を与えたが、飢者は息絶え、埋葬されたという伝説。片岡山達磨禅寺（臨済宗）

では，この飢者は達磨大師の化身であり，6世紀末に造られた達磨寺古墳の一つが達磨塚であるとの伝承が広がったため，廟として整備された。

7) **日本の茶の起源** *ALL ABOUT TEA* の第1章「茶の起源」に，「中国の文明や文化，仏教などと共に，茶の知識が日本へ約593年，聖徳太子の時代に紹介されていたはずである。実際の茶の栽培については，後に禅僧によって日本に紹介される。729年（天平元年）聖武天皇が引茶（粉茶）を僧侶に振舞った。『奥義抄』（中略）僧侶の行基（668-749）が寺の庭に茶の苗木を植えた『東大寺要略』。794年に平安京を建設にあたり，桓武天皇が中国式の茶園を薬草部門の下に造った。805年，最澄が中国より茶種を持ち帰り，比叡山に植えた。806年，弘法大師が茶種を持ち帰り，生産技術も伝えた。815年，嵯峨天皇に僧侶の永忠が茶を献じ，それを期に，京都周辺に茶園がいくつか造られた。『日本後紀』」とある。正史の所見は，上記にあげられている『日本後紀』のものであるが，その前後の漢詩集『凌雲集』や『文華秀麗集』に茶を読んだ詩が見られるため，これ以前に茶の起源が考えられている。このような日本における茶の歴史的記述は，*ALL ABOUT TEA* と同年に出版された『日本茶貿易概観』（茶業組合中央会議所発行）や，それ以前の『茶業通鑑』（有隣堂，1900年刊）にもあり，日本の茶業組合がこれらの情報を，著者に提供していたと考える。

8) **1201（建仁2）年** 栄西は，正治元（1199）年に鎌倉に下って北条政子の帰依をうけ，幕府において，不動明王開眼供養の導師となった。1200年には，源頼朝の一周忌仏事の導師を勤め，寿福寺住房を与えられて，鎌倉に住す。『喫茶養生記』の完成は1211年で，その3年後の1214年，栄西は将軍実朝の病気の加持に出向き，茶をすすめ書を奉った。参考文献としてあげている *An Outline History of Japan* に，「1201年に鎌倉に招かれ～武士道に向いていたのである」と同じ記述があるので，そのまま引用したと思われる。

9) **平安時代（794～1159年）** 平安時代は，一般的には桓武天皇の平安遷都（794年）から鎌倉幕府成立（1192年）までの時代を言う。1159年は，平治の乱。参考文献としてあげている *An Outline History of Japan* で「1159年より40年間は源平時代」と紹介しているため，この年号をとったものと考えられる。この段落と，次の段落は，ロンドン日本協会紀要論文「茶の湯」の引用であるが，年号はその論文に記述がない。

10) **平安時代の茶の儀式** *ALL ABOUT TEA* の第1章「茶の起源」に，「729年（天平年間）聖武天皇は，禁庭に百人の僧侶を召して大般若経を講じさせて，その後，茶を賜る」と『奥義抄』と『公事根源』の記述を紹介している。これは，平安時代を通じて，春秋に内裏で大般若経を講読する「季御読経」という仏教儀式の際に「引茶」と称して行われていた行事の起源である。

11) **山水木** この一文は，『茶の本』からの引用だが，天心は「山水」 the rocks and water しか書かなかったのに対し，trees を足している。

12) **カメリア** 葉を飲用にするため中国や日本で栽培されている低木の茶の木は，学名をカメリア・シネンシス（Camellia sinensis）というツバキ科の常緑低木である。ここでは「椿」ではなく，天心の文意を取り「茶の木」と訳す。

13) **中国の四つの宗教** ここの引用は不明。西洋の人々はしばしば中国の宗教的，哲学的な諸観念も西洋的なやり方で分類できるという前提に立って，中国の宗教を儒教，道教，および仏教の三つに分けて考える。しかしそれらは三つの独立した宗教というよりは，むしろ中国思想というひとつの機能システムのパーツなのである。ここから，儒教，道教，仏教の三つに，あと一つ何かを加えて四つの宗教としたのではないかと考えた。しかし，「儒教」という言葉は，1911年の辛亥革命によって消滅し，宗教ではなく，「儒学」という孔子の政治倫理思想を継承発展させた学問として捉えられてきた。

現在の中国の宗教は多い順から，仏教，道教，イスラム教，キリスト教，その他は少数民族の宗教などである。イスラム教は2～3％，キリスト教にいたっては1％の割合しか占めていない。この本の書かれた20世紀前半に遡れば，割合はもっと低くなると考えられるが，この時代の正しいデータというのは見つからない。それに中国も日本のように，複数の宗教を信仰しても矛盾しない多神教あるいは無神教国家なので，正確な宗教信者数を割り出すのは非常に難しい。2～3％や1％だからといって，少なすぎると切り捨てる考え方はできない。

以上のことから，儒教を宗教としない考えに立って言えば，ここでいう四つの主要な宗教というのは仏教，道教，イスラム教，キリスト教の四つにする

のが一番いいように思う。あくまでも仮定なので，引用文献が見つかれば変更を加えたい。

14) 六波羅蜜
　一，般若波羅蜜（事象の本質を見抜く智慧を持つこと）
　二，布施波羅蜜（人々に施しを与えること）
　三，自戒波羅蜜（戒を受持し守ってゆくこと）
　四，忍辱波羅蜜（耐え抜くこと）
　五，精進波羅蜜（ひたむきに努力し励むこと）
　六，禅定波羅蜜（瞑想して精神を一つの対象すなわちさとりに注ぐこと）
『茶の本』からの引用箇所。

15) 迦葉　釈迦が霊鷲山で弟子たちを前にしながらなんの法も説かず，ただ一本の花を手にとって示したが，弟子たちはその意を解せず，摩訶迦葉だけがその意を悟って微笑んだという故事（拈華微笑）を，禅宗では重視している。ここから禅宗は釈迦・迦葉以来，経典，教説とは別に，心から心へ仏法そのものが代々受け伝えられ，達磨に至るとする。

16) 慧能　慧能の系譜を南宗禅，同門の神秀の系譜を北宗禅という。北宗禅は後に断絶したが，慧能の南宗禅の流派は禅宗の正系となり，以降の禅宗の発展を担った。引用文は，「六祖因風颺利幡。有二僧対論。一云幡動。一云風動。往復曾未契理。祖云不是幡動，不是風動，仁者心動。」（『無門関』非風非幡）『茶の本』からの引用箇所。

17) 丹霞　慧能を継いだ二派，懐譲（南岳派）と青原行思（青原派）のうちの後者の3代目が丹霞天然。引用文は「遇天大寒。師取木仏焚之。人或譏之。師曰，吾焼取仏舎利。人曰，木頭何有。師曰，若爾者，何責我乎。」（『景徳伝灯録』第十四）「丹霞焼仏」として日本画の画題に古くから取り入れられている。『茶の本』からの引用箇所。

18) 過去の遺物　ロンドン日本協会紀要論文「茶の湯」に付けられた'discussion'に，以下のような同じ表現がある。（以下意訳）
「スミス氏が嘆いていたのは，茶の湯が行われるのは，今日の生活の中では，日本でもほんの一握りの茶の湯者に限られている，ということである。」同じ思いを外国人であるユーカースが，当時の日本人を見て，感じたのであろう。

19) 珠光　ロンドン日本協会の論文の参考文献『茶道早学』に「茶祖珠光」と紹介してあり，「茶道の宗匠はこの珠光より始まる」と書いている。（この段落は，ロンドン日本協会の論文を参考に書かれたものである）

20) 紹鷗　Jo-o としてこの段落では英文で記述されているが，ここは『茶の本』に従ったもの。次の段落では，紹鷗を Sho-wo と記述している。これはロンドン日本協会紀要の論文の記述に従ったもの。（訳では同一人物として語をあてた）

21) 茶室の壁　紹鷗四畳半茶室は「真ノハリツケ，クロフチ也。」（山上宗二伝書）と伝えられており，白の鳥の子紙を張り，黒塗の四分一で押さえていたと考える。大徳寺門前の四畳半では利休では床だけに薄墨色の紙を張ったと伝えられるが，ついに草庵茶室は土壁が通例となった。国宝茶室「待庵」（伝利休作）は土壁。

22) 道陳　原文では Dochiu（ロンドン日本協会紀要の論文の引用箇所）とあったが，Dochin の誤り。

23) 北野大茶の湯（北野大茶会）　天正15年（1587）10月1日，秀吉が北野の森（北野神社境内の松原）で開催した大茶会。本文では，1588年に行われたと書かれてあるが誤りであり，また実際の茶会は，7日の予定が1日で中止になった。秀吉は，全国の茶の湯者に参会を厳命し「若党，町人，百姓以下，釜一つ，釣瓶（名物道具でなく井戸から水を汲み上げる道具）一つでよい。焦がし（麦，米などを炒った粉を入れた飲み物。茶が高価なため）を持参するだけでもよい。畳の座敷が調わない者は，稲掃，莚でもよい。唐人，遠国の者にもかかわらず，秀吉公のお点前でお茶を下される」などの内容の六か条から成る沙汰書を発令した。「なんと民主的な」という感想もロンドン日本協会紀要の論文著者スミス氏の言にもある。

24) 『豊臣勲功記』　『絵本豊臣勲功記』読本，八功舎得水（柳水亭種清）作，一勇斎国芳（歌川国芳）画，江戸後期から明治初期にかけての作品。参考：『多聞院日記』天正十五年十月一日には「茶屋千五六百」とあり，規模の大きさが感じられる。

25) 400年　この文自体は，ロンドン日本協会紀要論文の「以降200年間，ほとんど変化はなかった」という一文から，「200年」を「400年」に変更し，「ほとんど few」を削除して「no まったくない」という強い否定に変えている。

26) 維摩経　般若心経に次ぐ古さである初期大乗仏教典の代表作。サンスクリット本，三種の漢訳

27) 見渡せば……　新古今和歌集，藤原定家の和歌。『南坊録』では利休が示したものではなく，紹鷗と記している。花紅葉とは書院台子の結構やはんざつな型と等に譬えられ，浦の苫屋とは無一物の境地と解釈されている。『茶の本』の引用のまま。

28) 夏の木の……　「夕月夜　海すこしある木の間かな」（『茶話指月集』にある）宗長（宗祇とも）の歌。

29) **入れ子になった茶道具**　持ち主が変わるたびに，別な箱が作られ，二重，三重箱にもなっていく茶道具もある。また，その中に，絹の布で，袋を作り，茶道具を納めていくこともある。

30) **冬は暖かに，夏は涼しきに**　この逸話は，『茶の本』やロンドン日本協会紀要論文からの引用ではない。『南方録』に紹介されている。（以下は意訳）「ある人が，夏と冬の茶の湯の心得についての極意を教えてくださいと利休に尋ねた。利休が，『夏はいかにも涼しい様に，冬はいかにも暖かい様に，炭は湯が沸くように，茶は服加減がいいように，これで秘事はすべてである』と答えられた。聞いた人は，『そういう事なら誰でもが知っている事です』といった。利休がまた言うには，『それならば今申し上げた心にかなうように茶の湯をしてください。利休が客として行き，あなたの弟子になりましょう』といわれた。その場にいた笑嶺和尚は，『利休の言う事は当然の事で，諸悪莫作　諸善奉行（悪い事はするな，良い事をせよ）という鳥窠禅師の云われた事と同じ心だ』と言われた」

『南方録』は利休の高弟・南坊宗啓の聞書として，1690年に立花実山が発見したということで，江戸後期より転写が重ねられ，広く読まれていたようである。昭和に入り，偽書と評価され論議があるが，現代でも利休の茶の心を伝える書として読まれる。

31) **少庵**　庭掃除の逸話は，『茶の本』に英文で「利休とショウアン」と紹介され，訳者によって，後妻の連れ子「少庵」と記載する場合と，前妻の長男である道安の幼名の「紹安」の訳語を当てる場合と二種ある。ここは，天心の『茶の本』の引用であり，英語の音から「少庵」をあてた。

但し，茶道史の専門家の間では，「紹鷗と利休」の逸話として捉えられている。大槻磐渓著『近古史談』（1864年刊）「巻之二　関白誅利休　附記」に漢文で紹介された逸話であり，明治期に多くの注釈書が出され，広く読まれていたようである。天心もその一人ではないか。また，その出典は『明良洪範』（真田増誉編，元禄頃。出典不詳の逸話集の評価あり）廿三の中の，以下の逸話である。「紹鷗，茶道の流々を利休に伝えたが，ある時，紹鷗が利休を試そうと，茶亭露地の掃除や打水をすませて砂まで極めつくして利休を呼び，庭掃除をせよ，と言われた。利休が露地を見ると，掃除はいきとどいていて何もする要がない。さては試されているのか，と考え，見回したが，やはりすることがない。樹木を振ってみようか，とゆすると落ち葉がはらはらと絵でも描きたくなるような風情である。誠に自然の物好みを感じ，口伝を残らず紹鷗は利休に授けたという」（意訳）

矢野環氏より，「茶の湯」第378号（茶の湯同好会発行，2005年）に戸田勝久氏「紹鷗の『陀の文』」で逸話の出典が紹介されている旨をご教示いただいた。

32) **朝顔の茶会**　『茶の本』からの引用。江戸時代に始めて出版された茶人の逸話集『茶話指月集』藤村庸軒著（1697）に初見。近松茂矩著『茶湯古事談』（1731）と，それをもとに出版されて広く読まれていた『茶窓問話』（1804）にも同じ話がある。藪内竹心著『源流茶話』（1745年）にも同じ話があるが，花入ではなく下地窓につるをはわせたとある。主旨は同じ。ただし，川上不白（1716-1807）著『不白筆記』と『石州百箇条不白答』では，客が秀吉でなく，利休の連歌の師匠であった紹巴と，道喜であったとしている。「実際にそのときに交わされた文が残っており，不白自身が大阪で一読した」ことが書かれている。また，花は一輪ではなく，二三輪となっているのも他の書との違いとしてあげられる。西堀一三

著『茶花』(河原書店, 1978年)には, 「利休が朝顔の花を用いた茶事として正確な資料がのこっているのは, 川端道喜を招いた場合でありましょう。すなわち, 牽牛花の一服に付き云々の道喜宛の文が鴻池家に遣されているが, なお不分明」としている。

33) **利休の娘**　千利休の伝記については, 利休の曾孫が徳川家に仕えるときに, 千家に由緒を尋ね, 記録された書物『千利休由緒書』がある。(以下意訳)

「御尋　利休の生害は娘のためという説があり, そのような事情もあったのか。宗左(表千家四世・利休の曾孫)答えて　世上では, そのようなことも言われるが, 私の家には, はっきりと伝わっていません。」

はじめて子孫以外によって書かれた利休伝は松屋久重(1566-1652)著『茶祖四祖伝書』。(以下意訳)

「利休切腹は, 木下高田祐桂という秀吉の家臣が, 秀吉の機嫌を損ねたことがあり, 不遇の彼を利休が見舞わなかったので立腹し, 後に秀吉に許されても, 祐桂は利休の無礼を根に持っていた。そこで, 彼が秀吉に「何か珍しいことはないか」と聞かれたときに, 利休の娘のことを吹き込み, 前田玄以も共になって, 利休に迫った。しかし利休は断ったため, 切腹を命じられることになった。前田玄以は, 以前, 利休に茶入を見せても, 無視されたため, 恨みに思っていたという」

34) **利休の切腹の理由**　『千利休由緒書』では, (以下意訳)

「御尋　利休御誅伐のいきさつ, どのようなことであったか。

宗左答えて　大徳寺山門を再興したが, 御咎めがあった。利休が天下に秀で, 並ぶ者さえないのをうらやんだ人たちが, 時にふれ, 陥れるようなことを言ったため, 秀吉公も機嫌を悪くした。大徳寺の山門は, 主上も行幸され, 院も御幸, 摂家の尊貴も皆通られる。その門の上に, 自分の木像に, 草履をはかせて置くとは, 無礼であり道に外れている。一つずつ取り上げて言うまでもないとのお咎めで, 天正十八(1590)年の霜月より勘当され, 翌十九年正月十三日に堺へ下らされ, 閉門を仰せ付けられた」

元禄3(1690)年の利休百回忌を迎えた翌年, 山田宗徧(千宗旦第一の高弟)著『茶道要録』が出版された。『茶道要録』は, 松屋久重(1566-1682)著『茶祖四祖伝書』の利休伝をもとに書かれている。

「御勘気」と題された段落には, 「何某という者が, 秀吉に讒言をした。茶器の価値価格を利休が勝手に決めて売買していたこと。大徳寺の山門に自分の木像を建てたこと」の2点があげられている。

『茶の本』からの引用箇所のため, 天心がこれらの知識を持って, 創り上げた物語と思われる。

35) **最後の茶会**　『千利休由緒書』より。(意訳)

「二月二十六日に呼ばれ京へ行き, 葭屋町の宅へ着けば, 弟子の諸大名が利休を奪い助けることもあると, 秀吉公より上杉景勝へ警固を仰せ付けられた。侍大将三人, 足軽大将三人, 以上六組三千ばかりで, 利休屋敷を取り巻き, 両日番をした。同月二十八日に尼子三郎左衛門, 安威摂津守, 蒔田淡路守が検史となり, 切腹した。辞世の頌, 和歌があり, 別紙に書付, 宇佐美彦四郎に渡した。(中略)其の内, 蒔田淡路守に, 利休切腹の時介措をすることを仰せ付けられ, 上杉景勝より順番に来られた。六人の内, 岩井備中守は謙信の命で, 先年より利休茶道の弟子だったので, 切腹をせよとの, 意向を, 利休に告げていたので, 茶の湯の支度をして, 検史を待った。腹を切るための脇指の柄を, 紙に巻いて, 検史の来るのを待つ。三使を不審庵(茶室)へ迎え入れ, 茶の湯一会の後切腹した。蒔田淡路は無二の弟子であったので, 命により介措をする。利休の妻　宗恩は白小袖を持出て死骸へかける。辞世の詩歌の文は, 堺の町人の所に持って行った。利休の首は聚楽御城へ, 蒔田尼子が持参したが, 実検されなかった。」

『茶道四祖伝書』をまとめた土門元亮著『茶湯秘抄』(1738成立)の利休伝には, 「釜の湯のたぎるを聞き, 床に腰を掛けて, 脇に勝手のほうへ臂(ひじ)がつかえるので, この置き合わせにてはだめだと言われ, 床真ん中へにじりよって言う。介錯の人々へ, 声を掛けるまではお待ちください, と, 脇指を突き立てて, 上手くすべらないため, また, 引き抜いて, 前のところへ突き刺し直して, 引きまわして, 腹の袋を取り出し, 自在掛けのひる釘に, 腸をかけて, 十文字に斬って, 介錯があった。天正十九年二月二十八日」(意訳)また, 『茶道要録』には, 「居士殺害」の段落があり, ほぼ『千利休由緒書』の通りであるが, 「点茶のもてなしをしようと, 釜湯の煮えたぎりに感じて, 腹を切るべき脇指の柄のところをこよりを巻きながら, 剣使の到来を待っているところへ, 蒔田氏が来た。利休は悦んで相互に茶を喫し,

快談して暇を請う」と具体的に書かれている。

36) **辞世の句**　利休の辞世として「人世七十 力囲希咄 吾這宝剣 祖仏共殺」という偈と，その要旨を受けた「堤ル我得具足の一ツ太刀 今此時そ天に抛」という歌(なげうた)が伝えられている。これを元に，天心が独自に短い英詩としてまとめたものであろう。

37)　この段落はほぼ『茶の本』の英文のままの引用文だが "the choice of collection" を "his collection of *objets d'art*" と書き換えている。

38)　**加藤清正**　秀吉，徳川と仕え，慶長16年に二条城で，豊臣秀頼と徳川家康との会見を成功させたが，その折に毒饅頭を食べさせられたことが彼の死因と言われるが，実際は病死。二条城からの帰国後まもなく，同年の6月に24日に死亡。『茶の本』では，「茶」に毒を盛られたとなっている。

39)　**露地清茶規約**　『南方録』に「利休の高弟である南坊宗啓が書き，利休が納得して判を押した。それを板に彫って，集庵松下堂に掛けた」とある。全文は『壺中炉談』(立花実山著，1700年)にある(以下)。

一，賓客腰掛に来て，同道人相揃はば，板を，うって案内を報ずべし。

一，手水の事，専ら心頭をすゝぐをもつて，此道の肝要とす。

一，庵主出請して，客庵に入るべし。庵主，貧にして，茶飯の諸具不偶，美味も又なし，露地の樹石，天然の趣，

其こころを得ざる輩ハ，これより速に帰去れ。

一，沸湯松風に及び，鐘声至らハ，客再び来れ，湯合，火合の差となる事，多罪々々。

一，庵内．庵外におゐて，世事の雑話，古来禁之．

一，賓主歴然の会，巧言令色入へからず，

一，一会始終，二時に過べからず，但し法話・清談に時うつるは制の外なり，

天正十二年九月上三

南坊　在判

右七ケ條は茶会の大法也，嗜茶輩不可忽者也

利休　在判

40)　**茶の世界に……**　この一文は，「露地清茶規約」原文にはない。ロンドン日本協会紀要の論文の引用箇所。

41)　**9日**　『壺中炉談』には註「天正十二年九月上三」(三日)とあり，日付が異なっている。ロンドン日本協会紀要論文からの引用箇所。

42)　**四畳半から二畳半へ**　国宝茶室「待庵(たいあん)」は，利休作と伝えられているが，二畳。また，利休作，一畳半の茶室も伝えられている。

「半」とは，「台目」畳とも考えられる。台目畳とは，台子の棚の寸法(畳四分の一)を切り取った大きさで，台子など棚を使用しない侘びた点前用。

43)　**たばこ盆**

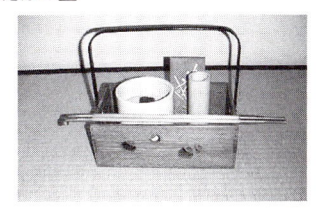

たばこ盆（煙管・火入れ，灰吹き・紙煙草入れ）

44)　**手と顔**　実際は，手と口を清める。参考文献としてあげられている『茶道早学(さどうはやなび)』にも紹介されているが，「柄杓で水を汲み，左手，右手と清め，左手を汲み手(丸めて水をためれるように)にして，そこに水を含み，口を注ぐ。」

45)　**湯桶**　湯を入れて手水鉢の隣に出す

湯桶（湯を入れて路地に出す）

46)　**足利家御用絵師**　(Ashikoyaと原文にはある。足利(Ashikaga)に英文字の書き方が非常に近いため，この訳語をあてた。この段落はロンドン日本協会紀要の論文からの引用であるが，この Ashikoya の一文のみは，論文には見られない。ロンドン日本協会紀要の論文「茶の湯」には，掛け物の例として，"Bun-jin-ye"(文人画)をあげている。他の掛け物の例としては，"So-ami"(相阿弥)という足利将軍の同胞衆が書いた画を紹介している。また，参考文献として挙げられている *An Outline History of Japan* の中には，「足利将軍の下に (under the

Ashikagas）芸術が花開いた」という記述も見られる。以上の内容からも，「足利」と受け取るのが適切かと思われ，採用した。

47) **雪村** 『茶の本』第五章で，雪村の達磨画（細川家で火事に合い，命がけで持ち出されたという）の逸話にも，偉大な画家として紹介されている。

48) **炭のサイズ** 流儀によって炭のサイズは異なるが，ここで参考文献としてあげている書物が千家流のため，三千家流（表，裏，武者小路）の主な炭のサイズを以下にまとめて示す。（単位 cm）

	胴炭	毬打	管炭	添炭	枝炭	輪胴
炉 (長さ)	15	7.5	7.5	15	18	6
(太さ)	7.5	4.6	6.1	2.5		9
風炉	12	6	6	12		4.5
	4.4	3.8	2.3	2.3		

炭斗（炭，枝炭，羽，火箸，鐶，釜敷が仕組んである）

49) **竹べら** 「昔は竹に土器などをはさんでいたものを千道安（利休実子）が金属にして柄をつけた」『茶話指月集』（藤村庸軒，1697年）にある。現代は金属に柄をつけたものが多い。

灰器と灰さじ（炉中に灰をまく道具）

50) **青銅製の釜** 釜は一般的には，鉄で作られ，銀，金という例もある。

51) **陶器製** 銅製，鉄製，銀や金，陶磁器（素焼きに漆を掛けた土風炉）などもある。畳の上に，木製の板や陶磁器の板を敷いてから（敷板，敷瓦）風炉をのせる。

52) **香合と茶入** 参考文献であげている千家流（表・裏）では，冬季（炉の時期）には，煉り香を使うことが多く，それは湿っているため，陶磁器製の器が合わせられることが常。夏季（風炉の時期）は，香木を用いることが多いので，漆器類の器が好まれる。しかし，茶入に関しては，季節によって分けることは現代はなく，また明治期も文献を見るとなかったと考えられる。

香合の中に煉り香，手前に香木

53) **金属** 本炉は土塗り。金属以外，石をくりぬいたもの，陶器製もある。

54) **茶事** ロンドン日本協会紀要の論文の引用箇所。この論文で参考文献としてあげてある『千家正流茶の湯 客の心得』中村浅吉（表千家十代吸江斎から十一代碌々斎に師事）著，明治26年刊を参照した記述。現代の千家流の教本とは多少異なる。

55) **16世紀の食事** 16世紀の食事とは，利休以降の懐石（それまで多くの膳を出し，何段にもわたり饗宴がおこなわれたが，茶事では珍客でも一汁三菜までがよいという考え方となった）のことか。図は『千家正流 客の心得』の膳の図。（一汁一菜が一つの膳に盛られている）

```
┌─────────────┐
│  向付   膳  │
│             │
│  飯    汁   │
└─────────────┘
```

56) **棚** 参考文献にあげている千家流では，小間（四畳半以下）では，棚を用いない点前を行うのが常。また，現代では，棚は客のいない間（席入り前や中立の間など）に運び，置きつけておくのが基本形ではある。

57) **加藤四郎左衛門** 瀬戸焼陶祖。1223年に入宋した道元に従って渡航し，陶芸の技術を学んで帰

国した。年号はロンドン日本協会紀要の論文の記載のまま引用されている。

58) **大英博物館のフランクのコレクション** Sir Augustus Wollaston Franks（1826-97）大英博物館の英国及び中世美術品及び民族誌学部の管理長をしていて，中国日本の陶磁器にも造詣が深く，自分のコレクションをまず the Bethnal Green Museum（1876年）で展示，カタログも作り，1878年にはそのコレクションを大英博物館に寄贈（1884年に収蔵）。ただし，大英博物館は Sir Arthur Wollaston Franks と記述している。

59) **サウスケンジントンの極東コーナー** the South Kensington Museum（1851年）の博覧会でクリスタルパレスに展示された装飾芸術品収蔵を主な目的として1852年に the Museum of Manufacturers in Marlborough House, St James が設立され，1857年にコレクションをサウスケンジントン美術館（the South Kensington Museum）に移転。その後1899年にこの美術館はヴィクトリア・アンド・アルバート美術館（the Victoria & Albert Museum）と改称。現在に至る。極東コレクションは，中国・日本・韓国などの美術品70,000点以上を含む。

60) **水指** 現代の常の点前では，水指を一番奥に置き合わせるため（置き合わせ図は明治期の茶書でも同様），水指，茶入という順。記述が正しいのであれば，棚を用いているので，順を変えても置きつけられたと考えられる。

61) **口造り** 黒楽茶碗

62) **帛紗** 帛紗をたたみ茶器を拭く

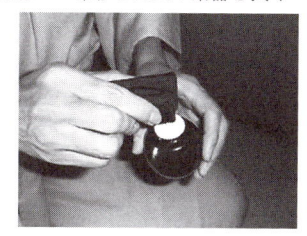

63) **匙2杯半** 濃茶を点てるときは，「一人あたり茶杓で二杓半」という教え言葉がある。飲み回し（客全員と亭主）の量であるような記述のため，「一人分」という記載が欠けたものか。

64) **水差し** ロンドン日本協会紀要の論文の引用箇所。水差し（a kind of jug or kettle）を用いる，と書いてあるが，現代は一般に用いない。湯がたぎりすぎていれば，柄杓を使って，水指から釜へ水を足すことはある。（参考文献にあげられている明治の茶書にも「水差し」は確認できない）

65) **泡立てる** 文献で参考にしている千家流の濃茶では，「泡立てる」まで茶筌を振るということは現代は行われていない（茶の分量が多いので，泡がたたない）。薄茶の記述と混合か，または明治期は，濃茶も薄く点てていて，泡を点てることが可能であったのか。それ以外に考えられる可能性として，このときは上記の茶は「匙二杯半」で全員分（何名だったのかは未明だが少くとも客と亭主2名以上）てたという記述が正しければ，薄いものとなる可能性はある。

66) **吸いきり** 現代は，飲んでいる間中ではなく，最後の一口，泡や最後の一滴までも飲み干すため，音を立てても構わない。これを「吸い切り」と呼ぶ。お茶は，茶の湯では，亭主そのもの，心を表すため，残さず頂くという意識がある。また，「息を吸いながら」というのは，口伝で，特に熱い茶の時，息を吹きかけて冷まして飲むということはせず，回りの空気と共に飲むということをする。

江戸時代においては，『日本伝聞録』ヴァレニウス（オランダ地理学者）1649年著に，「茶とよばれる粉末を沸とうした湯で点てた飲み物を特別に好んでいる。（中略）彼らはこの湯を音をたてて飲みほす」ともある。

67) **亭主の自服** 客が一人のときに限り，定法として亭主も濃茶を飲むということがあるが，2名以上の時は濃茶は亭主は相伴しないのが前提である。ただし，あまれば残りは亭主が飲む。この部分は，ロンドン日本語協会紀要の論文の引用であり，参考文献としてあげている明治期の茶道指南書にも，濃茶を亭主が相伴することは書かれていない。（薄茶に関しては，亭主が最後に相伴するという記述がある。）

68) **布** 現代では，茶碗に添えられる布とは，持つ用途としては「帛紗」が，拭く用途としては

日本の茶道

69) **薄茶は濃茶の前か後か** ロンドン日本協会起用論文には、「しかし、私が持っている信頼性の高い本は、茶の湯に通じた人が書いたもので、『薄茶は濃茶の前に（後ではなく）飲まれていた』と書いている」とある。実際の茶事の中では、濃茶の次に薄茶を行うのが定法である。（江戸期、明治期から現代を通し）ただし、この本の中でも紹介されている、「夜咄」と「暁」という形式は、「前茶」と言われ、初座に席入すると、最初に薄茶が出る。ロンドン日本協会紀要の論文の著者スミス氏の手にしていた書というのが、夜咄か暁の茶事について書かれている本であった可能性もある。

70) **薄茶の会** ロンドン日本協会紀要論文で参考文献としている『抹茶独稽古』に、薄茶の茶事が紹介されている。現代では、千家流の茶事の教科書に、この形が紹介されていない。明治期独特のものか。

以下は『抹茶独稽古』に記された薄茶の茶事の次第の要約。「腰掛待合に客が集まり、迎え付けのあと、席入り、挨拶があり、炭点前から菓子を出して中立。再び席入、亭主と共に煙草を喫しながら、閑談。初座も後座も同じく床の間には、掛軸と花が共に飾られている。その後、二度目の炭点前、干菓子を出し、薄茶。最後に三度目の炭（後炭）」

現代、薄茶のみの茶会と言うと、席入すると挨拶があり、すぐに薄茶の点前となる。炭点前は、行われないのが一般的になっていて、1時間以内で終了する。客を多く呼ぶ「大寄せの茶会」という形が一般的に「茶会」というときに行われる形で、広い座敷に20名以上が座ることが多い。

（吉野　亜湖）

茶事の流れ

本章ではロンドン日本協会紀要の論文「茶の湯」から，茶事の詳細を書いているが，この論文で参考文献としてあげている明治期の茶道書三冊にある茶事の流れを簡単に説明しておく。（明治期の茶書に，「茶の湯」として紹介されている流れは，現代で言う「茶事」である。）

茶事は，二部構成で成り立っている。第一部を「初座」と言い，休憩である「中立」をはさんで，後半の「後座」となる。大体，初座も後座も二時間ずつくらいが一般的な茶事である。茶事の基本的な流れは以下のとおり。

<席入>　　待合に，客が集まり，露地に出る（外腰掛が待合になることもある）と，亭主が席入りの案内に出てくるので，客は一人ずつ，手水を使ってから，席入する。

↓

<初座>　　亭主と客は席入の挨拶を交わし，炭点前が始まる。
炭点前が終わると，懐石料理となる。
（風炉の時は，懐石が先で，炭点前が後）
最後に菓子が出て，外の腰掛待合へ移動する。

↓

<中立>　　客が庭に出ている間に，亭主は濃茶の準備をする。
通常，床の間に，初座は掛軸，中立のときに掛軸が下げられ，花を生ける。

↓

<後座>　　亭主は準備が整えば，銅鑼や喚鐘を鳴らして，客に再び席入をうながす。
客は再び席入し，濃茶が始まる。
その後，（炭が落ちれば再び炭点前となる）薄茶。

↓

<送り出し>　　客が退出した直後に，亭主は見送りに出るが，にじり口にて，客より見送り辞退の一礼があるので，受ける。無言で行われる。

現代もおおまかな茶事の流れは変わっていない。ロンドン日本協会紀要の論文「茶の湯」を書いたスミス氏が，後書きにて「ロンドン日本協会会長の茶の湯の体験話を参考にした」「山下氏と Gejow 氏が主に翻訳を手助けしてくれた」と書いている。

日本における栽培と生産

CHAPTER XVI

CULTIVATION AND MANUFACTURE IN JAPAN

Geographical Location—Districts Where Teas Are Grown—Climate and Soils—Propagation Methods—Topography and Drainage—Manuring, Tillage, and Pruning—Use of Shade—How Japan Teas Are Picked with Specially Designed Shears, as Well as by Hand—Pests and Blights—Kinds of Tea Manufactured—Manufacturing Processes—Hand and Machine Methods of Preparing Sencha—Gyokuro and Tencha Manufacture—Tea Extracts—Re-firing, Polishing, and Packing—Classification—Tea Associations—Scientific Work

JAPAN proper consists of four large islands—Kyushu, Shikoku, Honshu, and Hokkaido—with a great number of small ones stretching from 30° N. to about 46° N. It embraces a population of more than fifty-nine millions and an area of 147,327 square miles. The lands suited to tea cultivation are, generally speaking, south of 40° N., and the tea plantations are located accordingly.

For the most part, the country is mountainous, with its only considerable plain located roundabout Tokyo. Tea is raised on the hillsides, or on bits of waste land, where satisfactory drainage is assured; the choicest agricultural lands being devoted to rice, and other crops. The effect of this is to relegate tea to areas often remote from the railway, and deficient in transportation.

Important Tea Districts

Although Japan heads the industrial nations of the East, her population is essentially agricultural, and 60 per cent of the people are tillers of the soil. As agriculturists, they have a wide knowledge of soil and crops, which is the heritage of thirty centuries of farming. This knowledge now is supplemented by the latest scientific discoveries, gained at the agricultural stations located in each prefecture.

The acreage devoted to tea in Japan has been steadily decreasing since 1892. In that year there were 148,714 acres under tea. In 1931, the last year for which figures are available, there were but 93,352 acres. The number of tea factories increased from 705,928 in 1894, to a peak of 1,153,767 in 1928, while the total production advanced from 59,726,502 pounds in 1892, to 84,447,994 pounds in 1931.

The principal tea producing districts are in the Prefecture of Shizuoka, picturesquely located at the foot of Mount Fuji, also in the Prefecture of Kyoto, including the district around Uji, where the famous Gyokuro teas are produced, as well as in the neighboring Prefectures of Miye, Nara, and Shiga. Tea is grown in practically every prefecture on the islands of Honshu and Kyushu; the leaders in production, following those already named, are: Saitama and Gifu, on the island of Honshu; and Kumamoto and Miyazaki, on Kyushu.

Nearly half of the total tea crop, and almost all of the teas, exported from Japan, are manufactured in Shizuoka Prefecture, re-fired in Shizuoka City or the surrounding towns, and shipped from the near-by port of Shimizu, or from Yokohama. But the really characteristic Japanese green tea is manufactured in the Uji District, near the city of Kyoto—the peerless Gyokuro tea, which the orthodox tea drinkers of Japan delight in drinking.

The best, and highest priced teas, come from the old province of Yamashiro, near Kyoto; a large part of its production consisting of ceremonial tea, and special grades for domestic use.

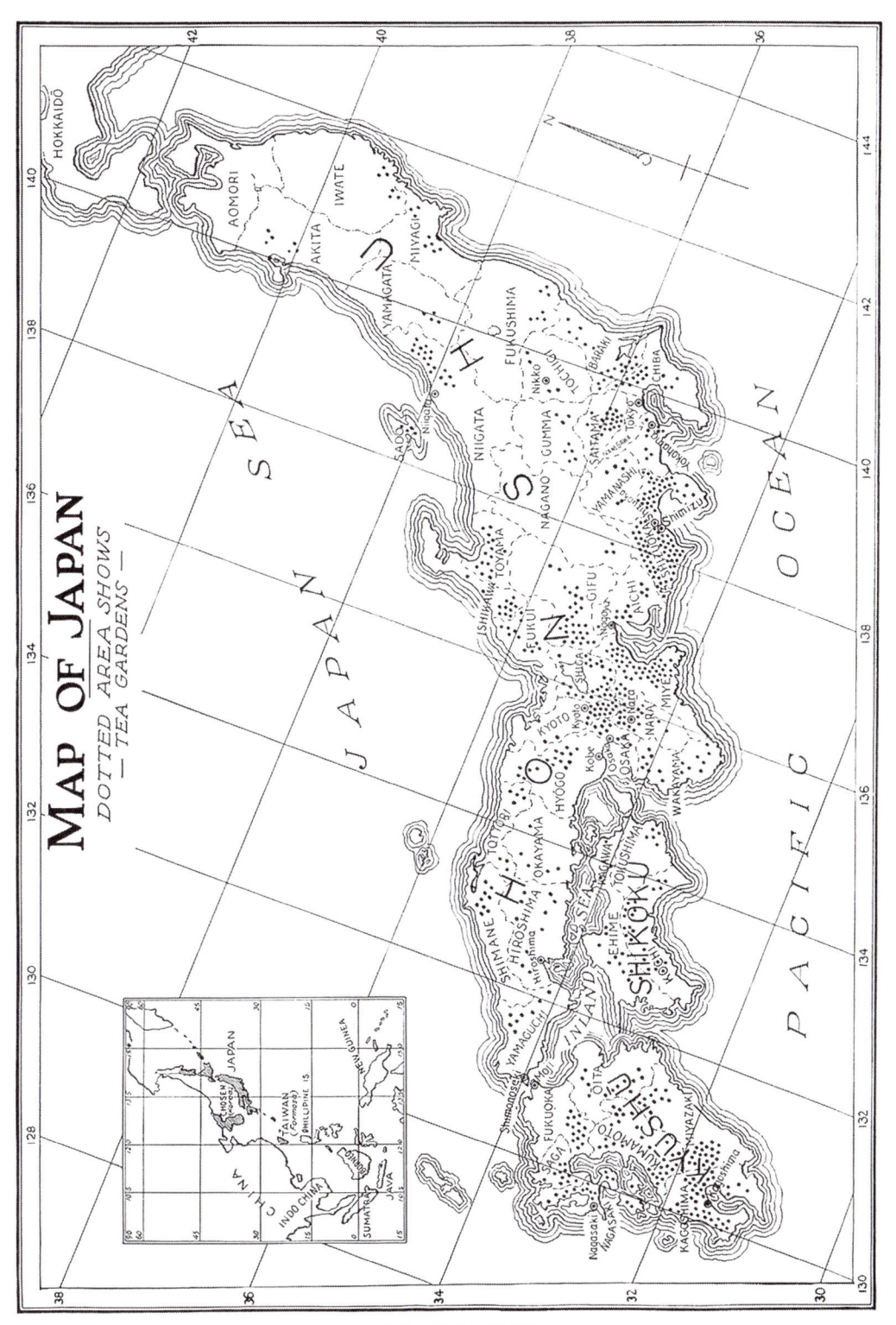

日本地図　茶園を点で表示

地理的位置──茶の生産地──気候と土壌──育苗法──地形と水はけ──肥料，耕耘，刈込み──覆いの使用──日本茶の特製茶バサミによる刈り取りと手摘み──害虫と病害──製造されている茶の種類──製造法──手作業と機械作業による煎茶の製造法──玉露と碾茶の製造──茶エキス──再火，擦り，包装──等級分け──茶業組合──科学的研究

日本は九州，四国，本州，北海道の４つの島，そして数多くの小さな島からなり，北緯30度から46度の間に広がっている。人口5,900万人以上，国土面積147,327平方マイル〔237,100Km^2〕である。茶の栽培に適している土地は，一般に北緯40度から南と言われ，茶畑はその地域に広がっている。

国土のほとんどは山で，広大な平地は東京周辺にあるのみである。良い農地は米やその他の穀類に充てられ，茶は水はけが十分に確保できる丘陵地や荒地で育てられる。その結果として，茶は鉄道から離れている場所に追いやられていることが多く，輸送に不便である。

主要な茶生産地

日本は東洋の工業先進国である。しかし，農業人口が大部分を占めており，人口の60％は農業従事者である。彼らは三千年にわたる農耕の歴史を通じて受け継いできた土壌や作物に関する広い知識を持っている。こういった知識に，今では各県にある農業施設で得られた最新の科学的知識が加わっている。

日本での茶栽培面積は1892年以来，徐々に減少している。その年の茶畑の面積は148,714エーカー〔600Km^2〕だったものが，この時点での最新データである1931年にはたったの93,352エーカー〔380Km^2〕になっている。茶工場数は1894年には705,928ヶ所だったものが，ピーク時の1928年には1,153,767ヶ所に増え，一方総生産量は1892年には59,726,502ポンド〔27,000 t〕だったものが，1931年には84,447,994ポンド〔38,000 t〕に増加した。

茶の主要な生産地は，富士山麓に位置する美しい静岡県や，有名な玉露の生産地である宇治を有する京都府，その近県の三重県，奈良県，滋賀県である。茶は主な生産地方である本州と九州の事実上どの県でも栽培されているが，先述の県に次いで，本州では埼玉や岐阜，九州では熊本や宮崎が有名な生産地である。

全収穫高の半分近く，そして海外に輸出される茶のほとんどは静岡県で生産され，静岡市や周辺の町で再製され，近隣の清水港や横浜港から輸送される。しかし，本当に日本的な茶が作られるのは京都市に近い，宇治地方である。その玉露という類まれなる茶は，日本の正統派の茶愛好家が好んで飲んでいる。

最高級で高価な茶は京都中心部近くの山城地方で作られる。その多くは茶道に使用され

る茶や，国内向けの高級品である。

　埼玉の狭山地方は，かつて山城茶に次ぐ高級茶として好まれていた狭山茶（八王子茶[1]）の生産地として有名だったが，様々な理由から茶の生産地としての地位が後退した。しかしその名前は今でもアメリカ人の買付人の間でよく知られている。

　表1は，茶が生産されている45都府県の茶の生産状況を示している。生産量を多い方から見ると，静岡，京都，三重が目立って多いのがわかる。

気　候

　温暖な気候と降水量の多さが，日本茶生産の要件である。雨季は3回あり，まずは穀雨（4月中旬から5月上旬），次は入梅（6月中旬から7月上旬），そして3回目が二百十日（9月上旬から10月上旬）である[2]。6月に最も降水量が多く，1月が最も少ない。

　一般に季節風と呼ばれる，中央アジア高原から吹く風とそこに吹き込む風によって気候は大きく影響されている。ゴビ砂漠が，夏には温められた空気の上昇する煙突のようになり，太平洋から日本を通って東から西へ風が吹き，日本列島東側に雨を降らせる。冬に砂漠は太平洋よりずっと冷え，その結果空気は海に向かって流れるため，列島西側の山で降水量が最も多くなる。季節風がどちらに吹いても海を渡ってくる間に湿気を集め，この恵まれた列島の茶畑に覆われた山々に雨をもたらすのである。

表1　農園の面積と茶の生産量　（1928）

県	工場数	農園面積（町）	工場生産量（貫）
岩手	1,432	12.5	986
宮城	2,572	88.9	5,901
秋田	17	2.1	73
山形	79	17.4	1,377
福島	7,302	84.8	7,554
茨城	42,288	1979.3	197,033
栃木	15,878	372.4	37,419
群馬	5,697	118.0	8,463
埼玉	23,932	1583.3	247,579
千葉	23,608	645.3	73,603
東京	10,995	630.0	71,901
神奈川	20,424	262.5	30,110
新潟	1,013	512.1	84,027
富山	2,718	409.7	42,117
石川	4,889	244.0	54,174
福井	28,535	325.1	164,026
山梨	4,078	84.1	5,480
長野	2,477	24.0	4,409
岐阜	47,978	863.8	218,891
静岡	31,052	16,000.7	5,308,798
愛知	25,914	231.3	70,320
三重	26,796	1707.0	491,242
志賀	29,925	958.8	245,956
京都	28,010	1498.8	544,131
大阪	4,825	201.0	88,908
兵庫	40,561	647.0	146,024
奈良	12,118	737.0	276,180
和歌山	26,499	365.0	94,125
鳥取	7,532	40.0	11,818
島根	38,537	476.8	107,315
岡山	34,839	291.0	91,586
広島	79,575	277.4	122,342
山口	40,741	526.1	98,605
徳島	18,595	435.4	89,097
香川	2,080	29.4	2,430
愛媛	20,607	439.2	55,255
高知	37,870	1,127.6	144,968
福岡	37,842	1,619.2	142,067
佐賀	30,837	462.3	69,831
長崎	32,721	390.7	66,487
熊本	69,531	1,876.5	213,116
大分	51,454	568.4	67,804
宮崎	60,550	1,059.7	211,018
鹿児島	117,791	2,887.6	407,073
沖縄	1,053	51.4	1,672
合計	1,153,767	43,164.6	10,423,291

＊）　1町＝9900㎡，1貫＝3.75kg
＊）　農林省農務局調べによる

茶の栽培に適した土地の条件

茶畑のほとんどは日本の温暖な南東にあり，その中心は静岡県の牧之原である。静岡の茶は他の作物が育たない，あるいはやっとのことで育つような風雨の強い場所で栽培されている。奈良と京都の栽培地は，有名な宇治を含め内陸に平均30マイル〔50Km〕ほど入ったところに位置しているため，静岡ほど風雨にさらされていない。また，海から離れているため，夏と冬の気温の差が大きい。

茶畑は通常，丘陵の川沿いや湖沿いにある。というのは，その場所の気温が適していることと，濃霧や露が発生することで茶葉の成長が早まるからである。宇治や川根，狭山といった有名な茶所はこのような条件のところである。

表2では，京都と静岡県金谷の，月別の平均最高気温，最低気温，そして降雨量を示している。

日本では比較的気温が低いので，摘んだ茶を蒸す前に一晩寝かせても大丈夫である。一方，インドでは8，9月は蒸し暑く，そのように時間を置くと茶がだめになってしまう。

適度な雨と晴が見事に組み合わさることで，茶の風味が増すだけでなく淹れたときの色が濃くなり，また苦味も増すといわれている。静岡では，6月と9月は茶の製造に適さない――というのも，茶の品質を良くしそうな日差しが少ないためではなく，雨がよく降るからである。科学的な理由はまだ全くわかっていないが，摘むときに雨で濡れた茶葉からは良い茶ができないのだ。

土　　壌

前述のとおり，日本では茶は肥沃な土地ではなく，米やその他の作物が育たないようなところで栽培されている。宇治付近以外では，茶は通常，急勾配で風がまともに吹き付けるひときわ高くなった台地で栽培されている。

表2　気温と降水量

(単位：℃, mm)

京都（宇治を含む）

月	最高気温	最低気温	降水量
1月	8.6	1.6	54.4
2月	9.3	1.2	66.5
3月	11.2	0.9	116.1
4月	19.3	5.6	111.3
5月	23.3	10.0	92.5
6月	27.2	16.9	240.0
7月	31.7	21.6	135.6
8月	31.6	21.4	142.0
9月	22.8	18.1	226.3
10月	22.6	11.5	156.5
11月	16.6	5.3	94.7
12月	10.9	0.3	69.3
計			1505.2

金谷（牧之原）

月	最高気温	最低気温	降水量
1月	8.6	1.1	71.9
2月	10.8	1.4	140.5
3月	13.2	3.1	189.2
4月	18.3	9.2	278.1
5月	21.8	12.3	229.1
6月	24.0	16.5	276.9
7月	27.8	20.9	207.5
8月	29.2	21.5	312.2
9月	26.3	18.6	386.8
10月	21.7	13.4	223.5
11月	16.9	8.7	181.4
12月	11.5	2.0	76.5
計			2550.4

ALL ABOUT TEA

茶の木は列になって田を隔てている畦に見られる。茶の木のちょっとした群は，果樹園や桑畑の間など，すこし場所があればどこにでも植えられる。唯一宇治周辺だけはかなりの広さの低地が茶の栽培に充てられている。

土壌によって茶葉の見た目と茶の質にはっきりと違いが出ることを日本の茶栽培農家は信じており，根拠もどうやらあるようだ。赤い粘土質の土壌では茶色がかった黄色い茶葉になり，一方腐葉土を含む土壌では濃い緑色の葉になると言われている。砂土では明るい緑色の葉に，粘土質の土壌では濃い色の茶葉になり，輸出用の茶に風味を与える。茶葉の形でさえも，土壌の影響を受けると言われている。たとえば赤土では，ねじれやすい長細の葉になる。

静岡県は広く，地形が多様なため，どんな種類の土壌もあり，それぞれの地域の茶の質は土壌の質による。牧之原地域は赤土が占めており，中級で，色は薄く強い味の茶葉になる。静岡市周辺の安倍地域はローム質[3]の土壌で，質の良い茶葉ができる。富士山に向かって土地が高くなっている富士の近隣では，色が良く，薄くて柔らかな味の茶葉となる。この緑色は火山灰と腐葉土の土壌のせいではなく，肥料と，覆いで陰を作ることによるものである。

川に沿った山の斜面の土壌は，茶に良いとされている。大井川沿いにある小さな町，川根は静岡県で最高の茶を作り出している。

日本での茶に関する調査は，これまでのところ土壌の研究に関する動向よりも製造ラインに関するものが多く，そのため，様々な地方の土壌の分析は全く行われていない。表3は2つの主要な茶生産地の6種類の土に関する大まかな分析結果である。

日本の土壌は茶の木に必要不可欠な成分に富んでいるようである。土壌の厚みがまた特別で，2フィート〔60cm〕ほどの深さのところでも，表面と同じように肥えている。

表3　京都と静岡の土壌分析

	宇治	久世	清沢 礫壌土
有効性リン酸	0.71	0.106	……
有効性カリウム	0.010	0.010	0.02
有効性石灰	0.025	0.025	0.13
腐植土	1.71	1.62	……
交換酸度	57.	48.	酸性
総窒素量	……	……	0.44

	静岡 壌土	笠原 砂壌土	牧之原 埴壌土
有効性リン酸	……	……	……
有効性カリウム	0.008	0.010	0.006
有効性石灰	0.16	0.20	0.10
腐植土	……	……	……
交換酸度	中性	微酸	酸性
総窒素量	0.25	0.17	0.51

育　苗

日本で栽培されている茶は全て中国種である[4]。アッサム種の茶の木を，金谷の近く，牧之原の勝間田村にある静岡県茶業試験場で試験栽培してみたところ，厳しい気象条件と霜にとても耐えることができず，ほとんど成果が上がっていない。

日本での栽培方法は一般に，畑で種から育てるという方法であり，苗床を作らない。しかし時には，挿し木や取り木，接ぎ木をして

垣根のような茶樹の列，牧之原茶業試験場

栽培することもある。

　最高級の茶所の種を得るためには細心の注意を払う。種は通常，晩秋に摘み取られる。一般に，栽培用の種を選別するには，種を水の中に入れ，沈んだものを使用し，浮かんだものは質が悪いとして廃棄する。

　種まきの季節は2回，春と秋である。春の種まきは通常，3月中旬から4月初旬の間に行われ，もう一方の秋の種まきは，11月の1日から15日の間に行われる。種まきで使われる種の量は，一反〔990m²〕あたり54リットルから72リットルである。

　母木の特性を完全に再現したい場合，挿し木，取り木，接ぎ木が行われる。金谷では挿し木にする方法が最も成果を上げている。6月には約6インチ〔15cm〕ほどの若い茎を切り，急速な活動を抑えるため[5]葉や芽をほとんど取り払った後，地面に植える。全てが首尾よくいけばその茎から根が生える。そして2年たったら植え替える。取り木をする場合は，茶の木の横方向に生えた枝の，芽より下の部分を1インチ〔2.5cm〕ほど削り，芽を土に埋めるようにその枝を固定する。根が生えたら，その枝を母木から切り，適切な場所に植え替える。そこに油かすや魚かすの肥料を施し，藁で覆う。

　種まきの方法には，藪まきと列まきの2種類がある。藪まきはさらに，円まきと群まきに分けられる。列まきも，一列まきと二列まきに分けられる。円まきは，直径18インチ〔46cm〕ほどの円形に，種がほぼくっつくぐらいの間隔で植える。ひとつの円の中心とも

う一つの円の中心間隔は3～4フィート〔91～122cm〕である。群まきは，種を円形にせずにまとめて植える。どちらの場合も植えられた茶の木はミツバチの巣のような群れになり，最終的にはかたまった垣根のような列をつくる。列の間隔をどれくらいにするかは木の高さによるが，畝の中心と中心の間隔を平均で5～6フィート〔1.5～1.8m〕にするのが一般的である。

一列まきでは，種がほとんどくっつくほどの間隔で一列に植えられ，二列まきでは，一畝に1フィート〔30cm〕ほどの間を空けて二列に同様に植えられる。どちらの場合も，列と列の間を5～6フィート〔1.5～1.8m〕空けるのが普通である。この植え方は斜面保全に特に適している。

地形と水はけ

日本で茶所として良く知られている地域は，川に沿った山の斜面にある。宇治では，茶は宇治川の両側のなだらかな斜面で栽培されているので，水はけの良さは理想的であり，また，川から上がる水蒸気が常に湿気を与えている。

大井川は静岡県の川根地方を流れており，川の両岸は斜面で，自然に水はけができるようになっている。狭山地方の入間川と静岡県の清沢[6]の安倍川の河岸も似たような特徴を持っている。

静岡県牧之原地方の金谷は，大井川と天竜川の間で，東と南に太平洋を臨み，風が吹き付けるひときわ高くなった台地にある。ハーラーは，この地域に関して，次のように述べている。

　春には，みぞれまじりの嵐のような風がこの地に激しく吹き付け，全く茶の栽培には適していないように思われる。晴れた日の金谷からの景色は非常に美しく壮大なものである。岬それ自体が，一面のまばゆい緑，茶畑だけがなり得るような緑である。大井川渓谷をはるか見渡すと，様々な作物の色が組み合わされたパッチワークのように見え，そして，両岸は川から離れると更に高く盛り上がっており，その斜面は茶で覆われている。そしてそれは，松林へと続く[*1)]。

この景色を，「不二」の意味を持つ，神聖なる富士山が見下ろしている。美しい姿で雪を冠した頂が荘厳で壮大に稜線長く，標高12,365フィート〔3,800m〕の高さでそびえ立っている。

京都地方は，牧之原ほど厳しい土地ではない。最も有名な茶所である宇治は，琵琶湖から大阪の海まで蛇行する宇治川に面している。牧之原と同様，気候は地勢に左右される。

日本の茶畑には排水路がなく，実際，段差をつけた構造にはしていない。静岡市周辺には段々畑らしきものがいくらかあるが，一般

[*1)] C. R. Harler, Ph. D., B. Sc., F. I. C., F. R. Met. Soc., "Tea In Japan," *Quartely Journal*, Sc. Dep., Indian Tea Association, part 1, Calcutta, 1924

日本における栽培と生産

的には垣根状に植えることで浸食を防いでいる。

肥　料

豆かす，干鰯，菜種油のかす，油かす，干し魚，硫酸アンモニウム，硝酸ナトリウム，大豆かす，過リン酸塩石灰，硫酸カリウム，人工肥料，米ぬか，牧草地の肥沃な黒土，下肥，緑肥といったものが日本で茶に使われる主な肥料である。硫酸アンモニウム，硝酸ナトリウムは即効性の肥料として使われている。一般的に肥料として使われるのは窒素分を主成分とするものである。宇治周辺では，1エーカーあたり230ポンド〔4,000㎡あたり100kg〕もの窒素と，リン酸肥料，炭酸カリウムがよく使われる。インドでは，1エーカーに対し30ポンド〔4,000㎡あたり14kg〕の窒素が，即効性の肥料として使われている。

新芽の成長には発酵した菜種油のかす，挽いて粉にした干鰯，米ぬか，即効性の肥料が使われる。これは追肥，または芽だし肥料と呼ばれており，年に3回，茂みの縁に浅く撒かれる。本肥料（秋肥）やりは9月中旬から10月中旬にかけての深く耕す時期に行われる。そして，遅効性の肥料が地面から3～4インチ〔8～10cm〕の深さに施される。

緑肥は普及していないが，日本人はある程度使用している。エンドウ，黒豆，セラデラ豆がよく使われる。が，アカツメクサも時には青物として育てられている。緑肥は夏と秋に地表に撒かれる。

掘り返し

日本の茶畑では，深堀りと浅堀りの2種類の耕作方法が行われている。深堀りは木の列の間を2フィート〔61cm〕ほど掘るというものである。上部の横方向に伸びた根は切り，掘り起こした土を木の周りに盛る。深掘りの時期ははっきり決まっているわけではないが，通常9月中旬から10月下旬の間に行われる。

浅掘りは3月中旬から10月の間に3～4回行われる。浅掘りでは，1～2インチ〔3～5cm〕ほど軽く耕す。これは，ちょうど雑草を根こそぎにして土がほぐれるくらいの深さである。

根覆いには，藁や笹の葉を使うのが一般的である。根覆いは秋に敷かれ，翌年には埋める。

剪　定

覆下[7]や，玉露，茶道用の茶といった最高級品の場合，茶の木を3フィート〔91cm〕の高さまで伸ばす。中級茶の場合，茶の木は1.5フィート〔46cm〕くらいまで低く刈り込まれる。耐寒のため剪定し過ぎないようにする。

剪定の時期は，気候の状況や，畑仕事や茶工場の必要状況によってまちまちである。とはいえ，通常は一番茶摘み取りのすぐ後，時には二番茶摘み取りの後に行う。最初の剪定は茶の木が3～4年目の時に，最終的に育て

たい高さより20〜30%低いところで切る。更に3年から4年経つと，茶の木が必要な高さにまで成長する。しかし，この時期には弱い横枝を保護するよう特に注意を払わなければならない。かまぼこ型の摘採部は，木のてっぺんから地面までを剪定することによってできる。

　樹勢が衰えたら，それを根元まで切り，肥料をやり，藁をかぶせて陰にする。こうして切ると葉は大きくなり，木も4〜5年は元気になる。しかしその後また悪化する。背の高い木の方が質の良い茶ができると信じられているため，「台切り」と呼ばれるこのような大きな剪定はめったに行われない。

　静岡県では，茶の木は5年から10年に一度，約2フィート〔61cm〕の高さにまで剪定される。一方京都では，質の高い茶畑は30〜40年に一度しか剪定しない。

日　よ　け

茶畑で陰用の木を使うことは，日本でほとんど知られていない。一方，より良質な茶を作るための茶畑では，人工的な陰を作るのに細心の注意が払われている。玉露は完全に陰で覆い，かぶせ茶は部分的に陰にする。

　一般的に，人工的な陰を作るやり方として一列ずつ陰にする方法と，茶畑全体または部分的に陰にする方法の二つがある。前者の場合，干し草の山を作る時のような要領で列ごとに藁をかぶせる。この覆いは茶の木にそのまま乗せるため，木の成長を遅らせ，茶の色

宇治の人工的な日よけ

を良くする。この茶はかぶせ茶と呼ばれている。

　玉露茶園では茶摘みの時期の直前に，特製の日除けで完全に覆う。日本人は，玉露特有の香りと味わいはこの方法がもたらしていると考えている。この方法だと，淹れた時の茶の甘みが増し，葉に濃い緑の色合いを与えるということだ。4月，芽が生え始めるころ，茶畑の上に6フィート〔1.8m〕ほどの高さの格子垣が建てられる。芽が葉になるころ，格子垣に覆いをかける。10日ほど経ったら覆いの上に藁をかける。茶摘みが終わると，格子垣は取り払われる。

茶　摘　み

茶摘みは，植えてから3年目の末または4年目に始める。普通木の活力があるのは約25年で，最高の茶葉は8〜15年の木から収穫される。以前，茶摘みは手作業に頼るしかなかったが，今日では特製の剪定鋏も使うため，作業が速くなった。この剪定鋏は，生垣の刈

り込み用の剪定鋏によく似ているが，違うところは，刈り取った葉を下側の刃に取り付けてある袋やかごに放り込むための仕切りが上側の刃についている点である。刃は長さ8インチ〔20cm〕である。しかけがついている方を右手で支え，左手は剪定する刃を動かす。昔の手摘み法では，1日に1人あたり16.5ポンド〔7.5kg〕から83ポンド〔38kg〕，平均して45ポンド〔20kg〕しか摘めない。この茶摘み用剪定鋏があれば，女性一人で1日200〜250ポンド〔91〜110kg〕，男性なら300ポンド〔140kg〕摘める。最高で432ポンド〔200kg〕が1日で摘まれたこともある。日本の茶畑の形が角型の生垣に似ていて，芽が均一な葉の繋がりになっていることを考えれば，この方法がいかに簡便か分かるだろう。

宇治地方では，茶樹の一番上の柔らかい芽を摘んだものから玉露が作られる。新芽の硬くなった部分は番茶になる。二番茶と呼ばれる2番目の芽からは煎茶を作る。静岡では，一番茶から四番茶まで全て煎茶になる。

宇治では普通，手摘みで茶を摘む。鮮やかな服装をした娘たちが，藁のむしろの下で作業しているので姿は外から全く見えない。茶摘みにあわせて，古くから伝わる茶摘み歌を歌う。これらは，丁寧に茶摘みができるように，ゆっくりした拍子の曲である。良く知られている一曲を英語の詩にしたら，次のようになるだろう[8]。

The pines are in their glory;
松の木の
With branches spreading wide,
枝は大きく広がり
And needles fast unfolding
葉はしっかりと伸び
Hard by the riverside.
川岸でみごとに繁っている

Peace reigns within the empire,
御世は平和に包まれて
The fields abound with tea,
地は茶畑で包まれる
Foreshadowing for our rulers
まるで我らが統治者に
Days of prosperity.
繁栄の日々を予兆するように

Famous the bridge of Uji,
すばらしい宇治の橋

静岡での茶摘み用剪定バサミを用いた茶摘
(追加画像は茶摘み用剪定バサミ)

ALL ABOUT TEA

Famous the brew prepared
すばらしい茶を
From the under–flowing water
その下を流れる水で
For the ancient feudal laird.
領主様のために淹れておくれ

Like lovers in their wooing,
愛をささやく恋人たちのように
The fireflies at night
夜の蛍が
Illumine the thick darkness
漆黒の闇をやわらかな
With softly glowing light.
光で明るく照らしてる

No need for further singing；
もう何も歌うことはない
Here is the final word：
これでおしまい
Let joy well up within us,
我らの胸にわく喜び
And make itself be heard.
それを伝えるのみ

　茶摘みの時期は3〜4回ある。一回目は一番茶で、大体5月1日から始まり、6月15日まで続く。これは全収穫量の半分くらいで、最も良い茶である。二回目は二番茶で、6月後半から7月初めまでである。三回目は三番茶で、大体8月20日から9月5日まである。四回目の四番茶が収穫される場合は、期間は短く、9月後半から10月初めまでである。

　茶摘み人が小さな籠に茶葉を入れ、後に大きな籠に移し換える。棹の両端に二つの大きな籠を提げ、人夫がそれを肩に担いで工場まで運ぶ。

静岡での手摘み

害虫と病害

　厳しい冬の気候が、イギリス領やオランダ領のインド諸国でよくあるような害虫や病気の原因の多くを死滅させているため、日本茶生産家の一助となっている。それでも、ゴマフトウボク、カンザワハダニ、ミドリヒメヨコバイ、ドクガ、チャエダシャク、チャミノガ、チャハマキなど、インドでよく見られる害虫[9]のほとんどを、ハーラーは日本で見つけた。インドで悩みの種になっている茶の蚊は知られていない。

日本における栽培と生産

葉枯れをおこす病害のうち，もち病はどの時期にも現れるが，通常は9月と11月である。赤葉枯病は，過度な肥料散布の後に現れる。白星病，褐色円星病，潰瘍病，白紋羽病（ロゼリニア菌），これらは全て知られている。白紋羽病にかかった木の根は抜いてしまうことで対処する。牧之原の茶業試験場では農家のために，それぞれの病害虫が現われやすい時期と，またその対処法を示した便利表を発行している。

石灰とボルドー液[10]は日本の農家によく使われている。農家は協力し合って溶液を作り，茶摘みの時期が終わったらそれをみんなで使う。また，茶摘みの20〜30日ほど前にこのボルドー液を散布するのも効果があると知られている。

作られる茶の種類

日本で作られている茶のうち，群を抜いて大きな割合を占めているのは緑茶である。緑茶の4分の3以上は煎茶，つまり「普通の」茶になる。この茶が輸出用茶の大部分を占める。次に大きな割合を占めているのが番茶で，質は劣るが日本では広く飲まれている。その次にくるのが，玉露と，ひき茶とも呼ばれる茶道用の碾茶である。碾茶は，さらに濃茶と薄茶に別れる。表4は各種の茶の生産量を示している。

表4　製造される茶の種類（1928）

茶の種類	製造量（t）
玉露	267
煎茶	31,111
番茶	7,562
紅茶	21
その他の茶	186
合計	39,147

紅茶の製造

紅茶の生産高は少ないながらも増加しており，製造量はここ5年間で3倍になった。日本国内の市場に入り込んでいる東インドの紅茶と競うため，民間，政府双方によって紅茶の生産が奨励されている。紅茶の大衆化が進んでいるアメリカにいる日本茶愛好家達は，アメリカの市場で競えるだけの徳用紅茶が日本で製造できると信じている。この意見はワシントンDC農業省前茶試験監督官ジョージ・F・ミッチェルのような専門家にも支持されており，彼は「日本は徳用紅茶を生産できると確信している」と述べている。

以前，インドのトクライ茶業試験場にいたC・R・ハーラーは，日本の茶樹は中国の茶樹と同じなのだから中国型の良い紅茶ができないはずがない，と考えていた。彼は以下のように述べている。

静岡で私はインドと同じ紅茶の作り方，すなわち，丸めた茶葉を，火を入れる前に涼しい場所で一定時間発酵させるというやり方で作っている小さな工場を見た。私は，このように作られた紅茶は，おそらく温度が低いせいでうまくいかなかったと思う。ダージリンでは，気温が21℃以下になると，発酵に時間がかかりすぎ

て紅茶を悪くすることが分かっている。しかし，もし中国式で作れば，日本の紅茶は中国の紅茶と同じくらい良いものになるに違いない。

製造工程

日本茶の製造は，（1）手作業（2）機械作業（3）一部手作業，一部機械作業の3つに分類される。玉露と碾茶は手作業で作られ，ほとんど全ての煎茶は機械で揉まれる。1928年の静岡県では，8％の茶が手作業，71％が機械，21％が一部手作業一部機械作業で製造された。

手 作 業

蒸し—手作業による茶の製造工程の最初は蒸すことである。一般的に使われている器具は直径1.5～2フィート〔46～61cm〕の底の広い鉄製の湯沸かし深鍋である。この深鍋は木製の蒸し器を載せ，レンガ製，陶製あるいはタイル製の炭のかまどの上に置かれる。この蒸し器は，高さ18インチ〔46cm〕の樽の両底を打ち抜いたような形で，穴の空いた仕切りが中間にある。蒸気がその穴を通って立ち上がる。十字に直交させた2本のパイプを，別の鉄パイプの上に接続したものが仕切りの穴にはめられている場合もある。この十字になったパイプは蒸気が均一に広がるように穴が空けられている。

蒸し器の上に置かれたおよそ深さ5インチ

手作業で行われる緑茶の蒸し

〔13cm〕で底が金網になっている蒸籠[11]に茶葉をおき，蓋をかぶせる。蓋の下から蒸気が漏れてきたら茶葉を箸でかき回す。蒸すのにかかる時間は蒸気の量によって様々であるが，普通は100℃であれば40～50秒かかる。蒸しが足りないと茶は苦くなる。一方蒸しすぎると葉が柔らかくなり，色や形が悪く，淹れた茶は濁る。蒸した後で，素早く冷ますため茶葉を台の上に広げる。時にはさらに冷ますのを早めるため扇ぐこともある。

葉振い[12]が次の段階である。葉振いは縦3フィート〔91cm〕，横5フィート〔150cm〕高さ2.5インチ〔6.4cm〕の助炭[13]を使い，レンガ，陶器，タイル製の焙炉[14]の上に載せて行う。上部は水平ではなくわずかに前傾していて，後部は高さ2フィート2.25インチ〔67cm〕なのに対し，手前は2フィート〔61cm〕である。内側は土壁になっていて，壁は上から下に向かって厚くなっているので，内部は上側より底の方が狭くなっている。

10～13ポンド〔4.5～5.9kg〕の炭を焙炉

日本における栽培と生産

に入れ、火をつける。炭に1.25〜1.75ポンド〔570〜790g〕の藁をかぶせ、それが燃えることで炭の上に灰が広がり、火の勢いを抑える。かまどの上には5〜6本の鉄の棒があり、その上に幅1フィート5インチ〔43cm〕、長さ3〜3.5フィート〔91〜110cm〕の網を乗せる。網の上に鉄またはブリキの板を置く。これは熱を均一に広げるためである。その上に枠が木で、底が紙でできている助炭を置き、そこに茶葉を乗せる。茶葉は助炭一面に広げられ、指でほぐされ、また広げられる。これを素早く繰り返す。茶葉が体温よりもほんの少し高いくらいの温度に保たれるよう、注意が払われる。茶葉のつやが消え、茎がしおれ、茶葉が濃いまだらになったら乾燥は終了である。

　揉み—日本の手揉みは、長年の経験によって得られた技である。これは、（1）回転揉み　（2）玉解き　（3）中上げ　（4）中揉み　（5）転繰り　（6）仕上げ揉み　の6段階に分かれている。手揉みは、数多くある焙炉の上に置かれた助炭で行われる。

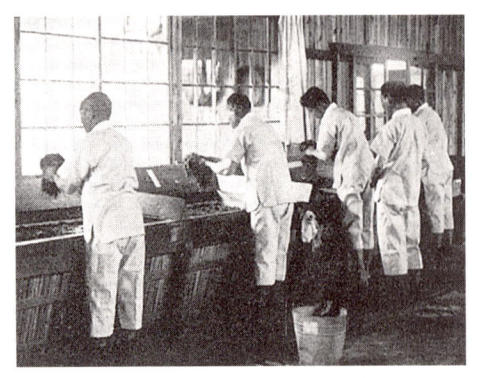

手揉みでのもみきりの様子

焙炉で手作業で行う葉振い[17]

　回転揉みは一番重要な作業で、35分ほど続く。茶葉を痛めることなく乾燥させることが目的である。この作業に時間をかけすぎると茶葉がかび臭くなり、色も風味も悪くなる。また、力を入れすぎると、淹れた茶は濁り、味も落ち、そして茶葉の形も崩れてしまう。茶葉に含まれる水分にあわせて温度を調整するばかりでなく、作業の速さや、圧力も適切に加減する必要があることが知られている。回転揉は茶葉全体の表面に湿気が出てきたら終わる。

　玉解き[15]（丸まったのをほぐす）は、回転揉の後に続く。これは、茶葉を均一に乾燥させるために行う。この工程では、もみきりを行う。これは、茶葉をならべて、ひとつかみの茶葉を中心より端で圧力をかけて行うものである。

　中上げは約14分の休憩である。この間に茶葉は少し冷める。助炭を拭っておく。

　中揉み（中間の揉み）が次に続く。茶

葉は一摑みずつ，もみきりのやり方で揉むが，前よりも強く揉む。茶葉が濃い緑色になってきたら，中揉みが終わる。所要時間は約25分である。

　転繰りは，茶葉の形を整えるために行われる。細心の注意を払わないと淹れた茶の品質を落とすことになる。茶葉が乾いてくると，手の動きをゆっくりにして，よく揉めるように茶葉をすり合わせる。かかる時間は15分である。

　仕上げ揉み[16]は，約20分かけて，両手で茶葉を挟んでさらさらになるまで揉む*2)。

乾燥—乾燥のため，揉んだ茶葉は乾燥機に移され，ほとんど乾燥したら，引き出しが収められた木製で持ち運びのできる乾燥器に入れられる。それぞれの引き出しは，3フィート×3フィート×3インチ〔91cm×91cm×7.5cm〕で，乾燥器の高さは工場の状況によって異なる。熱源は底にある炭の火鉢である。茶を均一に乾燥させるために一定の時間で引き出しの位置を入れ替える。茶葉が親指と人差し指で簡単に粉になるほどカラカラになったら，乾燥は完了である。出来上がった茶葉の水分は約4％である。乾燥の後，冷ました上で密閉容器に詰められる。

機械作業

*2) 茶業中央会連合会議所提供の資料による。

ここ10年間で茶製造用機械は急激に普及した。動力として電気モーターやガソリンエンジン，蒸気機関，水車が使われている。

　蒸し—機械方式では，主な蒸し器具の方式として，回転式と送帯式の2種類がある。回転式は，比較的小規模な工場でよく使われている。この機械は長さ約3フィート〔91cm〕，内径約1フィート〔30cm〕の網筒でできている。網筒の中心に軸が取り付けられ，軸とドラムが一緒に回転する。茶葉をその一方の端に置くと，網筒の回転とともにもう一方の端へ運ばれ，その間にほどよく蒸されるという仕組みである。この機械では1時間に200ポンド〔91kg〕の蒸しが可能である。

　送帯式の機械は長さ約6フィート〔180cm〕，幅約3フィート〔91cm〕の平らな箱でできている[18]。箱の中を，帯状に編まれた竹や網に載せられた茶が運ばれていく。箱の底のパイプから出た蒸気が中に充満する仕組みである。茶葉が箱の中を通過するのに40〜60秒かかり，出てきた後は風を送って冷ます。

　粗揉—粗揉機は，茶葉の乾燥と回転揉を行う。粗揉機にはさまざまな種類があるが，大きな違いはない。これらの機械は通常，回転する軸に取り付けられた円筒形のドラムでできている。ドラム内部には葉ざらい〔「ばね板」とも呼ばれる〕とフォークのような形の「手」が幾つか取り付けられている。葉ざらいは茶葉を跳ね上げ，「手」はドラム内の側面に茶葉を押し付ける。ドラムは普通，亜鉛でメッキされた鉄またはアルミ板でできており，内部には木[19]を敷き詰めてある。送風

静岡県の荒茶工場

機で熱風を送り機械内を通過させる。

　この作業用の機械で特に有名なものには、高林式[20]（日本の製茶機械の草分け），栗田式，原崎式（乾燥・祖揉・中揉・精揉の混合型），八木式（乾燥・粗揉・再乾燥）がある。

　中揉[21]——中揉機は，回転台がないということ以外は，英領インド，セイロン，ジャワで使われているジャクソン社の揉機に似ている。中揉機は小さく，一つのドラムで一回に20〜24ポンド〔9.1〜11kg〕の茶葉を扱える。この機械の仕事は，粗揉機で行った茶葉の乾燥を均一化することである。粗い葉は柔らかい葉よりも長い時間をかける必要がある。時間は平均して10分必要である。中揉機製造の主要3社は臼井，望月，栗田である。

　再乾燥[22]——再乾燥機は，揉み作業をする機構がないことを除けば，粗揉機に近いものである。内部温度は約60℃に保たれ，1分間に35回転ほどの速度で15分間運転される。

　精揉[23]——精揉機は，樋のような形の容器を熱源にかざす。木製のローラーが圧力と速度を調整しながら，茶葉の上を前後に動く。温度は約70℃に保たれ，茶葉は40〜60分間揉まれる。この機械一台あたり一日10時間に80〜240ポンド〔36〜110kg〕処理できる。こうして出来上がった茶葉は手揉み茶と同様，最終的には乾燥した状態になっている。

手作業及び機械作業による方式

手作業及び機械作業による方式では，最初の半分の工程，すなわち中揉までは機械が用いられ，それ以降は手作業で行われる。

玉露の製造

玉露製造の最初の工程は，茶葉をふるいにかけることである。その際女工たちが，藁，茎，古い葉などを取り除きながら茶葉を慎重に集めていく。蒸しは煎茶や普通の茶の製造のときとほとんど同じであるが，より慎重に行う。時間は約10秒である。残りの工程も，主な違いといえば煎茶の製造より慎重に行うとい

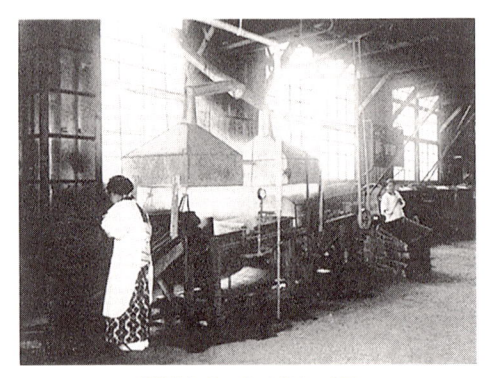

機械方式による蒸し工程

紅茶工場
上段―萎凋，下段―揉機

うことくらいである。

　精揉の後，茶葉は熱した鍋の中で乾燥させ，ふるいにかけて厳選する。乾燥は，煎茶よりも若干低めの温度で，4時間かける。この工程は全て手作業で行われる。

玉露製造の電熱機

京都にある多くの玉露製造業社が，静岡県で一般的に使われている炭やその他の燃料を使った製茶機を試してみたが，熱の伝わりを均一にできず失敗に終わった。最近では電熱機が試され，こちらの方がずっと良いということが分かった。電熱を使った機械には，蒸し機，粗揉機，中揉機，乾燥機がある。

　茶の製造に電熱を使うことの特長は，均一で，必要に応じて自由に調節できる点である。1920年ごろ，京都電器有限会社が実験を開始し，1924年に満足のいく結果が得られたので様々な工場に売り出した。それらの機械は現在〔執筆当時〕でも使われている。

茶道用の茶の製造

茶道用の茶は，碾茶またはひき茶として知られており，粉末状のものである。最初の製造工程は玉露の場合と同じである。助炭が熱源の上に置かれるが，玉露や煎茶で使われるものより大きく，幅は6フィート〔180cm〕，長さは3フィート〔92cm〕である。

　熱源のある部屋は密閉されており，内部温度は50℃以上に保たれている。各助炭に1.75ポンド〔800g〕の生茶葉を広げ，5～6分置きに茶葉を竹製の熊手でやさしくかき混ぜる。60～70％の水分が蒸発したら，茶葉を取り出し，風を当てて休ませる。そして助炭に戻し，かき混ぜる。ほとんど乾いたら茶葉を棚の上においてさらに乾燥させる。

　完全に乾燥したら，茶葉を細かくし，暗い色の濃茶と，明るい色の薄茶に分ける[24]。細かくした葉は臼で挽く。

　一般的に碾茶を乾燥する時間は，最初の乾燥が約30～40分，次の乾燥が30分，そして棚の上での乾燥には4時間をかける。できた茶は通常，元の茶葉の量の17％になってしまう。

再　　製

1862年，中国人の茶製造の専門家が来日し，輸出用に再製[25]するやり方を伝えた。それ以来1911年になるまで，中国式で再製が行われた。中国式では，炭火の上に鉄鍋を置き，

日本における栽培と生産

原崎式再製釜による輸出のための再製

そこに約5ポンド〔2.2kg〕の茶を置く。そして30分ほど煎られ、着色されていた。1898年、原崎源作が再製用の釜[26]を考案し、これが今も一般に使われている。

輸出用の茶のほとんどは、静岡市内やその周辺で再製されている[27]。再製会社の仕事は、再製、精製、袋詰めからなる。再製会社は通常、大きな工場と倉庫を一つ以上持っている。工場には炭のかまどの上に置く火入れ用鉄鍋と、様々な目の大きさのふるい器、選別機、先端を切る機械、磨きドラム、木茎分離、その他様々な補助装置があり、それらはオーバーヘッドシャフト[28]で動いている。籠茶では、鍋の代わりに籠が使われる。茶葉はブレンドされることもあれば、ブレンドされないこともある。

再製された茶には煎茶、籠茶、釜茶の3種類がある。これら全ては通常、分類上は煎茶に入れられる。煎茶は通常、焙炉で火入れされていたが、日本で茶の貿易が始まったころにはどういうわけか「ポーセレンファイヤード[29]〔陶火入れ〕」として知られるようになっていた。しかし今では、一般に煎茶と呼ばれている。

籠茶は長い葉から作られる、見た目にも魅力的な茶である。最高級のものは2.5インチ〔6.4cm〕ほどの長さで、丸まって針のように細くなっているため、「針葉」「スパイダーレッグス〔蜘蛛足〕」の茶、と名づけられている。これは「天下一」とも呼ばれ、この名は何年も前に、有名な東京の業者によって付けられた。

釜茶は小さな葉から作られる。輸出される茶の70%が釜茶である。

釜煎り──釜茶を作る際、約20ポンド〔9.1kg〕の荒茶[30]が鉄製の釜に投入される。これらの釜は通常、一列に並べられている。茶は釜の中で、機械によって常にかき混ぜられている。25〜40分経ったら茶葉をドラムに移し換え、摩擦によって磨きをかける。

次はふるい分けである。茶葉をふるいにかけ、大きさによって種類分けする。作業は竹や針金でできたふるいを使い手作業で行われることもある。ふるいにかけている間に風選

輸出用の籠茶

ALL ABOUT TEA

選別と仕上げ

も行われ、浮葉や屑茶を吹き分ける。釜茶には長すぎる、あるいは幅が広すぎる茶葉は裁断機にかけられた上で、前記の通りふるい分けされる。例えば、葉の先端の柔らかな部分は、製造過程で自然とガンパウダーのように丸くなってしまうのだが、これらは、特殊な裁断及びふるいの過程で取り除かれることになる。ぐり茶[31]（丸まったもの）は北アフリカ、ロシア、アフガニスタンへ輸出するため、中国茶の様式に従って作られる。

籠茶――長い茶葉は通常、籠で煎られる。これはまずふるい分けされ、それから火入れされる。番茶、浮葉、荒粉がすっかり取り除かれた後に、厳選された荒茶が残る。このうちの5ポンド〔2.3kg〕ほどを竹籠に入れる。この籠は約4フィート〔1.2m〕の深さがあり、砂時計のような形をしていて、そのくびれ部には取り外し可能な竹製の盆がある。この籠を、灰をかけた炭火の上に置き、30～40分、火入れする。この工程中、何度か籠を火から下ろし、茶葉を手でかき混ぜる。火入れの後、茶葉を外気で冷まし、その後ブレンドする。

副産物――再製の副産物は、番茶、芽茶、茎茶、屑茶、荒粉、浮葉、そして掃き寄せである。番茶は「まわし[32]」の段階で取り除かれる、下等な葉である。こういった副産物のほとんどすべてが国内向けに充てられる。近年では、ほうじ茶（番茶を焙じたもの）の販売の割合が大きくなっている。これは、コーヒー色になるまで焙じられたもので、とても香ばしい。芽茶は中国のガンパウダーに形が似ている。手揉みでの芽茶の量は約3％で、機械揉みではそれよりずっと少なくなる。輸出用茶の製造工程で生じた芽茶は、国内で消費される。

茎茶は輸出されず、日本国内で番茶と混ぜて使われる。

屑茶、荒粉、浮葉は、そのまま輸出されることもあるが、ほとんどはそのまま国内に残される。

掃き寄せはカフェイン抽出の目的で薬屋に売られる。

仕上げと棒とりの作業

釜茶、煎茶は火入れが終わった後、仕上げのため、水平回転ドラムに入れる。時間は葉の性質やどの程度の仕上げを望むかによって変わる。籠茶には通常、この工程はない。

次は茎を取り除く作業である。釜茶のような小さな葉の場合、この作業は機械で十分だが、煎茶や籠茶の場合は手作業で行う必要がある。

日本における栽培と生産

国内市場向け再製

国内向けの茶は手作業で再製する。精製工程は、実際には籠茶の工程と同じである。小売値が1円60銭以上のものは、緑の自然な色あいが求められているため、決してドラムを使った摩擦は行わない。碾茶や玉露は滅多に再製しない。

梱　包

茶は再製、精製した後、倉庫に移され、そこでブレンドされ梱包される。輸出用の茶は、化粧板で作られた箱に詰められる。箱の大きさはまちまちで、箱にはカラー刷りされた紙が貼られ、必要に応じて鉛板や紙を裏貼りする。茶を箱にいれた後、鉛が半田付けされ、アンペラに箱が縫い込まれる。箱には、商標、ナンバー、内容量の書かれたラベルを貼り、そして籐の縄をかける。茶は鉛で内貼りした箱か防湿性の木箱に入れ、鉛で包装された茶は、内貼りのない木箱に入れられることもある。輸出量は、表に示した。

　国内販売用の茶は、ブリキや亜鉛で裏貼りされた、14×16.5×28.5インチ〔36×42×72cm〕の箱に梱包される。一方、玉露と碾茶は、それより小さめの箱に詰められる。

茶エキス

当然のことながら、茶の生産国や消費国では、茶葉以外にも様々な種類の茶製品がある。そのうちの一つが茶飲料で、ミルクやレモンと混ぜたものや、液状や粉状のものもある。こういうものの製造過程は通常、秘密にされている。一般的に茶エキスは、真空状態で茶の浸出液を作り、遠心分離して粘着物質を取り除く。

経　費

1928年における静岡県内の上級茶園の地価は一反〔990m²〕あたり709円、中級茶園では477円、下級茶園では263円であった。上級茶園における土地の賃借料は、一反あたり年間31円21銭、中級茶園では19円95銭、下級茶園では11円1銭である。

　茶の製造については、手揉みと機械揉み茶の経費を比較すると大変興味深い。一人の作業員の機械揉みでの製造量は一日8〜10貫目〔30〜38kg〕であり、手揉みでは一日1.3貫目〔4.9kg〕の茶を製造できる。表をみると経費の違いがよくわかるであろう。

　再製には、釜茶、籠茶、煎茶ともに100ポンド〔45kg〕あたり3円かかる。ハーフチェストサイズの箱に梱包すると、箱、鉛、むしろ、籐、人件費を合わせて、100ポンド〔45kg〕あたり3円である。1ポンド〔450g〕用の紙袋の経費は、その品質や印刷などによって異なるが、平均すると1000枚あたり20円である。

表5　輸出重量表　　　　　　(kg)

	ハーフチェスト	ボックス	個包装
釜茶	36	18/23 又は2/6	0.1 又は0.2 又は0.5
籠茶	32	18/23 又は2/6	……
煎茶	32～36	18/23 又は2/6	……

表6　機械製茶の製造コスト

4貫目の生葉	2.200円
燃　料	0.300円
人件費	0.220円
動　力	0.040円
設備消耗	0.220円
税　金	0.012円
雑　費	0.050円
1貫目（3.75kg）の茶にかかる製造コスト	3.042円

手作業製茶の製造コスト

4貫目の生葉	2.200円
燃　料	0.700円
人件費	2.300円
税　金	0.035円
雑　費	0.070円
1貫目（3.75kg）の茶にかかる製造コスト	5.305円

日本茶の分類

少量の紅茶を除けば，日本茶はすべて緑茶である。それらは，下記のように形状や製法によって4つに分類される。

(1) 玉露（真珠の露）：日本産の茶の中で最高級のものと評されており，覆いの下で栽培されるため，タンニンが少なく，カフェインが多くなる。そして，茶葉の色は明るくなり，風味が甘くなる。

(2) 碾茶（茶道用の茶）：玉露と同様，茶園に覆いをかける。揉み作業をせずに，茶葉を乾燥させ，その後，粉末に挽く。

(3) 煎茶（普通の茶）：若く柔らかな茶葉をよく縒って作る。国内消費，輸出ともに，普及している。

(4) 番茶（粗い茶）：特に粗い茶葉から，または再製の際に煎茶の荒茶から分けられた葉から作る。

一般に輸出される（3）の煎茶は下記の通り更に細かく分類される。

(a) 釜茶：鉄鍋で再火入れされたもの。荒茶はよくねじれ，丸まっている。

(b) 籠茶：籠で再火入れされたもの。良質のものは，長く，針のような形をしている。荒茶はよく縒られ，まっすぐで長い。

(c) 煎茶：形は中程度で，国内で消費される。

(d) ぐり茶（まるまった茶）：その名の通り，非常に丸まった形をしている。

茶業組合

日本の茶業組合は政府の統制下にあり，その会則や規則は政府によって定められている。1891年に農商務省より発令され，今も効力を有する省令第4号では，農家，製造者，商人，仲買人，販売人など，茶に関わる人はすべて地元の茶業組合に在籍しなければならないという方針が示された。地方の組合では代表を決め，その代表が構成する茶連合組合がおかれている県があり，そしてまたその代表

が日本中央茶業組合を構成する。

　地方の組合は、その市や郡、または県の茶業者で成り立っている。例えば静岡県では静岡市茶業組合、富士郡茶業組合、静岡県再製茶業組合、その他13の地方組合がある。こういった小さな組合の目的は、茶に関わる人材育成、茶の展示会開催、機械の点検等の活動を通じて、それぞれの地域における茶産業の発展を図ることである。

　連合組合の目的は、静岡茶業者組合の名で知られる静岡県の茶業組合連合会議所の活動を見れば分かるかもしれない。この組合は3月に総会がある。16の地方組合からの代表者がいる。会頭、副会頭、理事、会計の他に、茶専門家2人が雇われており、その助手3人、茶の検査監督者とその下に30人の検査官、その他事務員7人等がいる。組合の役割は、茶の統制と検査、製造方法の改良、販路拡張等である。組合は検査局を作り、そこにすべての工場を視察する検査官をおき、そして品質の劣る茶の製造と販売を未然に食い止めるために、基準となる等級を設ける。新しい茶の機械を発明した者には賞が与えられる。茶園を改良するための補助金を農家に交付する。品評会を行い、賞を与える。機械による製茶を学ぶ研修生に講習会を開く。牧之原茶業試験場では、科学的研究が行われている。地方組合の活動を助けるための補助金を給付する。特派員を海外に置く。海外では、新聞や雑誌の広告と、日本茶の無料サンプルの配布を行う。調査員を海外市場に派遣する。清水港に茶の倉庫を建設する。茶業史の編纂を数年前に始め、更新している。会員に向けて、雑誌「茶業界」を発行している。

　静岡県茶業組合の1924年3月1日に改訂された規約は非常に厳しいものである。この規約は長すぎるためにここでは引用できないが、その中の規則の一つに特に興味を引くものがある。第6章には、検査の上証紙を得ていない茶は販売してはならないという規則がある。茶の品質が、毎年3月に取り決められる前年の茶の基準と同等あるいはそれ以上でないと、その証紙を貼ることはできない。日本茶業中央会議所も、静岡県茶業組合も、その証紙による収入に支えられている。

　前述の通り、日本茶業中央会議所の全会員は、県の茶業組合の代表で構成されている。中央茶業組合の活動は毎年変わるが、概して（1）茶の生産方法の改良（2）海外販路の拡張　の2つに分類できる。（1）には賞金つきの品評会の開催、講習会、専門家の養成、茶の実用実験等への助成金が含まれる。海外拡張の活動は、特派員と委員をアメリカに派遣し、市場の研究、アメリカの品評会及び博覧会の展示館やブースの維持管理、アメリカとカナダの新聞や雑誌での広告、アメリカ市場の報告書を翻訳し会員に紹介する、日本茶の宣伝のために輸出業者に助成金を支給する等である。フランスとイギリスでの博覧会展示館以外では、現在のところロシア、カナダ、アメリカでしか重要な活動は行われていない。しかし、調査はその他の国でも行われている。

牧之原にある農林省茶業試験場

茶業試験場

日本での茶の栽培と製造に関する諸問題の科学的研究と，茶の栽培農家への講義や実地教育は，次に挙げる6ヶ所の主な茶業試験場で行われている。

(1) 農林省茶業試験場（静岡県榛原郡金谷町牧之原の南西端に位置する）
(2) 静岡県茶業試験場（榛原郡牧之原村勝間田の北西端に位置する）
(3) 京都市茶業試験場
(4) 奈良県茶業試験場
(5) 熊本県茶業試験場
(6) 鹿児島県茶業試験場

前述の6ヶ所の中で，歳費と支出の点から見て最も重要な試験場は，牧之原にある(1)の国立試験場である。ここでは研究よりも，実地指導と教育を行っている。年間予算は，それまで平均約16,000円（額面1円＝＄0.498）であったが，1932年には210,000円にまで引き上げられた。(2)の静岡県茶業試験場の職員は3人の化学者，2人の農学者，4人の科学技術者と技師が1人，そして昆虫学者1人である。この試験場には優れた実験室や，手作業と機械式，両方の第一級の工場があり，15エーカー〔61 m^2〕の実験用茶園がある。年間費用はおよそ42,000円で

日本における栽培と生産

ある。

上記の試験場に加え，数多くの小さな試験所や施設があり，本州，四国，九州の様々な県の農業試験場で，研究や調査活動が行われている。茶の実験に携わる連合組合も幾つかあり，例えば，前述の静岡茶業組合には茶製造に関わる実験専用の建物があり，最新の製茶機に電熱を用いるなどの実験が行われた。その他の連合組合でも，製造法改良のための研究に加え，茶の栽培，害虫の駆除等に関する実験を行っている。

訳　注

1) **八王子茶**　狭山茶は埼玉県西部の狭山地方で作られた茶で，狭山は古くから関東の名茶の産地として知られていた。この狭山で作られた茶は国内では狭山茶として流通しているが，同じ物が国外向けには八王子茶という名前で輸出されていたため，狭山産の茶は国外では八王子茶という名でも認識されていた。八王子茶は八王子で生産製造が行なわれていたというわけではなく，狭山茶の異称である。

2) **穀雨　入梅　二百十日**　穀雨（穀物をうるおす春雨の意から）は，二十四節気の一つで，春のうちでは最後にあたり，4月21日ごろになる。入梅は梅雨に入ることで，太陽の黄経が八〇度に達した時をいい，6月10日頃にあたる。二百十日は立春から数えて210日目にあたる日。9月1日頃がそれにあたり，台風の襲来が最も多い時期で，稲の開花期にあたるため，農家は厄日として警戒する。いずれも期間を表す語としては使われない。

3) **ローム質**　砂・シルト（微砂）・粘土をほぼ等量含んだ土壌。火山噴出物が風化して生成したものが多い。壌土ともいう。

4) **中国種**　茶は大きく2種類，中国種とアッサム種に分けられる。日本で栽培されているのは中国種で，アッサム種と比べると葉が小さく，枝の多い低木で，寒さに強い。緑茶に向くとされる。

5) **急速な活動を抑える**　植えたばかりのころは根が未発達で水分を十分に吸収できないため，葉がついていると蒸散を続けてしまい，すぐに枯れてしまう。

6) **清沢**　清沢は静岡市北西部，安倍川の支流である藁科川上流部に位置するため，厳密には安倍川ではない。本山茶（ほんやまちゃ）の産地。

7) **覆下**　玉露や，茶道に使われる茶葉を栽培するため，生育の過程で茶園に覆いをする茶園を覆下茶園という。またその栽培方法を覆下栽培ともいうが，覆下はあくまで玉露や茶道用の茶など高級茶を得るための育て方をいう語であり，本文のように茶の名前としては使われない。

8) **良く知られている一曲**　京都で歌われた茶揉みも含む茶摘歌の一節。『京都府茶業史』には，「曩に英國皇儲殿下宇治へ狂駕の際英譯して献上したもの」として，この日本語の歌詞が掲げられている。
下に該当箇所の歌詞を，森園市二著『お茶の唄々』に依って掲載した。なお，歌詞中の「可祝」は「かしく」と読み，手紙の結句に使われる「かしこ」と同じである。

　　目出度目出度の
　　稚松さまよ
　　枝も栄える
　　葉もしげる

　　御代も治る
　　御物もつまる
　　ほんに上様
　　末繁盛

　　宇治の橋には
　　名所がござる
　　お茶の水汲む
　　これ名所

　　さてもやさしや
　　蛍の虫は
　　しのぶ暇で
　　火をともす

歌はこれきり
可祝でとめて
千秋楽とは
お目出たい

9) **害虫**　本章の原文では英名のみ表記であるのに対し，外国を扱った別章では同じ英名の虫に学名が載せられている個所もあるが，日本に馴染みの薄い種が多く，その場合は日本で有名な近似種名を訳としてあてた。ここに挙げられた害虫がもたらす被害は食害で，葉を食べ尽くしてしまうほどの被害が出ることもある。しかし，緑茶は葉にわずかでも傷があると発酵が始まり茶の品質が大きく落ちてしまうため，少しの発生でも命取りになりかねない。逆に，紅茶やウーロン茶の場合は製造過程に発酵を伴うので，日本では害虫であるチャノミドリヒメヨコバイなどは，紅茶の自然発酵が進み香り高くなるとして歓迎されることもある。

下の写真は代表的害虫であるチャハマキの幼虫［静岡県茶業試験場・提供］。

10) **ボルドー液**　殺菌剤として使われる農薬の一種。有効成分は塩基性硫酸銅カルシウムで，生石灰，硫酸銅，水を混合して作る。古典的な農薬であるが，現在でも使われることがある。フランスのボルドー地方でブドウに使われていたことからこの名で呼ばれる。

11) **蒸籠**　実際には，底が竹網になっているものも使われる。

12) **葉振い**　「露切り」とも言い，次の工程で茶を揉みやすくするため，水分を蒸発させるのが目的である。

13) **助炭**　手揉み製茶で使われる器具。長方形で，枠は木製，底には厚紙が張られており，これを焙炉に載せ，その中で蒸した葉を揉み，乾かす。「かけご」ともいう。下図の右と下にあるのが助炭である。用途によって大きさが違う。

14) **焙炉**　手揉み製茶の揉乾操作に用いる器具。通常は外周が板，内側を赤粘土で塗り固め，火の強い中央部のみレンガを使う。下図左上が焙炉。

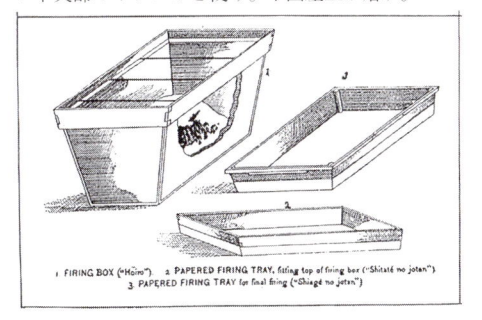

15) **玉解き**　茶葉を均一に乾燥させるため，とあるが，回転揉みの最終段階でできてしまう茶のかたまりをほぐす作業である。結果的には文中にある通り，均一に乾燥させるためということになる。

16) **仕上げ揉み**　茶の形を整え，香味を良くする操作。形や色が整い，茶が手からすべり出るようになったら終わる。

17) **写真2枚**　原著ではページ右上の写真が葉振い，左下の写真がもみきりとなっており，解説と写真が互い違いであったので改めた。

18) **送帯式の大きさ**　現在はこれよりはるかに巨大であるが，箱で覆い，蒸気が逃げないようにした中を網ベルトが通過するという基本的な仕組みは現在でも変わっていない。

19) **内側には木**　現在では竹が使われている。

20) **高林式**　高林謙三（本書「日本の茶貿易史」付属の人物一覧参照）による発明品。1885年，施行されたばかりの特許法で茶業関係の機械三種の特許を取得後，揉捻機の考案に取りかかり，1897年に初めて茶葉揉捻機を完成させた。この発明の後，1887年に稲葉式乾葉機・揉捻機・乾燥機，1899年望月式製茶機械，1900年臼井式精揉器と発明が続くが，いずれも根本の原理や構造は高林式を踏襲したもので，日本の製茶機械の礎石となる発明であった。堀之内の松下幸作が任されて，新しく設立された松下製作所から全国に向け生産・販売を行った。

21) **中揉**　粗揉と中揉の間には揉捻とよばれる工程がある。粗揉の揉み不足を補い，水分をならす工程である。本書では粗揉―中揉―再乾燥という流れになっているが，実際には粗揉―揉捻と続き，中揉と再乾燥はどちらか一方しか行なわれなかった。

22) **再乾燥**　中揉と同じく，乾燥を均一化するのがこの工程の目的である。従って，上記の通り一

連の流れの中で中揉とともに行なわれることはない。

23) **精揉** 葉を煎茶特有の伸直な形に仕上げるための工程。同時に、茶葉を締め、乾燥させる目的もある。

なお、実際は精揉が終わった段階では約13％の水分が残っているため、精揉の後に乾燥が行なわれて一連の工程が終わりとなる。

24) **濃茶、薄茶** 実際には色の濃淡ではなく、上級なものを濃茶、普通なものを薄茶とする。摘む際から区別されていることもあり、その場合濃茶は特に新芽のごく柔らかい部分から作られるが、薄茶はもう少し広い範囲から作られる。

25) **再製** 蒸し、揉み、乾燥等を経てできた荒茶（原茶ともいう）を仕上げ加工する工程。乾燥・ふるい分け・切断・風選・棒とりなどの作業が行なわれる。国内向けにはこの荒茶のまま流通することもあるが、特に輸出の場合、長い海路の旅や長期間の保存を考えると改めて火入れをして十分に乾燥させることが重要で、乾燥が不十分だと腐ったりカビが発生したりするため、輸出先に受け取りを拒否されることもあった。

26) **原崎源作の再製機械** それまで再製には手釜を使い、中国式の着色の技術に代表される特殊な技能が必要であったため中国人の熟練技工に従うほかなく、お茶場と呼ばれた再製工場で女工が低賃金で酷使されていた。再製技術は秘密にされ、またヘリヤ商会やハント商会等の外商もそれぞれ独自に再製機械を考案して極秘裏に使用していたため、日本の再製業者は全く対抗できなかった。こうした状況を打破するため原崎源作は再製機械の開発を進め、苦心の末1897年に完成し1898年特許を取得した。鋳鉄製の平釜を2個並列して設置し、その中間の下方に炉があり、二枚の羽式攪拌装置を備え、釜底面を回転し茶を攪拌するという構造であった。この発明により日本人による再製会社の設立が相次いだほか、外国人商会でも採用されるなど、輸出貿易にとって非常に重要な発明品となった。この釜で仕上げたものが釜茶の起こりである。

27) **輸出用の茶のほとんどは、静岡市内やその周辺で再製** もともと輸出港のあった神戸や横浜でしか輸出用の再製は行われていなかったが、1893年に静岡で初となる再製工場が日本製茶会社によって設立された。やがて清水港が開港場に指定された1899年、神戸に本社のあるヘリヤ商会が静岡に再製工場を設立すると、他の神戸や横浜にあった外国商社も対抗上こぞって静岡に支店や工場を設立した。産地に近く、また港も近いという地理的条件に恵まれていたので静岡で再製され清水港から輸出される茶の量は爆発的に増加した。必然的に神戸と横浜の取扱量は漸減し、事実上再製のほとんどが静岡で行われるという状況になった。

28) **オーバーヘッドシャフト** 頭上に設けられた主軸から動力をベルトで受けて各個の機械が動くようになっている。個々の機械で動力を用意するのが困難であったため、主軸を動かすための動力源さえあればよいこの方式が多くの工場で採用された。

29) **ポーセレンファイヤード** 「日本の茶貿易史」注14参照。

30) **荒茶** 茶の生葉を蒸し、揉み乾かしたままの茶を荒茶（または原茶）という。当時は国内向けにそのまま流通することもあったが、輸出用の茶は必ず再製と呼ばれる二次加工が行なわれた。→注25

31) **ぐり茶** 当時中国で作られていた茶は釜煎という方式を取り、平たい大釜に生の茶葉を投入し、熱火でその釜を熱し、攪拌棒で茶葉を上下に繰り返し攪拌したのち席の上で揉み、ふたたび釜に入れて煎って仕上げるという方法であった。このため蒸気で蒸して揉み焙炉で乾燥させる日本茶のように直線状にはならず、丸まっていた。アメリカやカナダでは緑茶が紹介された当初から日本との貿易が行われたため日本茶は問題無く受け入れられたが、日本が新たに茶の貿易を始めたロシアや北アフリカなどでは既に中国の丸まった茶が緑茶として認知されており、直線状の日本茶は緑茶と思われず、中国茶と同じような形状が求められた。このため、精揉の工程を省くなどして中国茶のように丸まった茶が作られ、従来の直線状の茶と区別するために「ぐり茶」の名がつけられた。後に「玉緑茶」という名で呼ばれるようになる。

32) **まわし** 目の細かさの違う網が手前から細かい順に並んでいる大きなふるいにかけることにより、一番向こうに番茶が落ちるようになっている。

（北川　敏行）

日本の茶貿易史

CHAPTER XII

TEA TRADE HISTORY OF JAPAN

THE EXPORT TRADE BEGINS WITH SMALL PURCHASES BY THE DUTCH EAST INDIA COMPANY—TWO CENTURIES OF ISOLATION—COMMODORE PERRY'S SUCCESSFUL INTERVENTION—MADAM KAY OURA IS THE FIRST TO ESSAY "DIRECT EXPORT"—FOREIGN TRADE IS BEGUN ON A COMMERCIAL SCALE WITH THE OPENING OF THE PORT OF YOKOHAMA—KOBE BECOMES A TEA PORT—THE BUSINESS SHIFTS TO SHIZUOKA—PROMINENT FIRMS AND LEADING FIGURES—TEA ASSOCIATIONS

TEA had been cultivated in Japan for centuries, but none was exported until after the Dutch East India Company was permitted by the *Bakufu*, or Tokugawa feudal government, to establish a factory on the island of Hirado, in 1611. The Dutch factory was transferred to Deshima, a small island in the harbor of Nagasaki, in 1641. James Specx, a Dutch envoy who came to Japan in 1609, was the first director at Hirado.

The Dutch fleet came once a year, arriving in April and remaining until September. At first, only three or four ships came, but the number increased to as many as three score on several occasions. They brought a wide variety of cargo items, ranging from sugar to spectacles, telescopes, and clocks. The main exports they carried away were copper and camphor, with many lesser items, such as lacquer, bamboo wares, and tea.

In 1621, the English East India Company also established a factory at Hirado, but they purchased no tea, and the manager, Mr. Richard Cox, finding the business unprofitable, closed it in 1623.

The Japanese built two seagoing ships shortly after the arrival of the Dutch, sending one across the Pacific to Mexico and the other to Rome. About this time, however, certain unfortunate episodes connected with the teaching of Christianity by the Portuguese convinced the Tokugawa feudal government that national security could be assured only by isolation. In 1638, the ports were closed to all foreign trade, except a limited traffic with the Dutch and Chinese at Nagasaki. At the same time a rigidly enforced edict forbade natives to build any ships large enough for ocean navigation. From 1641 until 1859, Nagasaki was the only port in Japan where the Dutch and Chinese, to the exclusion of all other foreigners, were allowed to trade; and no Japanese ship was permitted to visit a foreign shore.

Japan's policy of islation was maintained for more than two centuries, but in 1853 Commodore Matthew Calbraith Perry [1794–1858], U.S.N., paid his memorable visit to Japan, and, by a friendly display of force followed by successful diplomacy, convinced the Tokugawa administration that further seclusion would be inadvisable. Commodore Perry's mission was not immediately productive of results, for it was not until 1859 that Yokohama, the first of the treaty ports, was thrown open to foreign trade.

Madam Kay Oura, a native tea merchant of Nagasaki, was first to essay a direct export business under the inspiration of Commodore Perry's visit. In 1853, Textor & Co., a Dutch firm at Nagasaki, sent samples of her teas to America, England, and Arabia. One of the samples attracted an English tea buyer named Ault, and in 1856 he came to Nagasaki, where he gave Madam Oura an order for 100 *piculs* [1 *picul* = 133⅓ lbs.] of Ureshino Gunpowder tea. This order the enterprising lady filled by collecting tea from all parts of the island of Kyushu and shipping it to London. Mr. Ault opened an office at Nagasaki under the name of Ault & Co. Mr. E. R.

遠景に富士山を臨む清水沿岸

清水にて，アメリカへの出荷のため茶を艀船から船に積みこむ
(清水港は1900年に外国貿易港として開かれ，その年209,799ポンドが輸出された。
近年では，年間22,000,000ポンド以上を輸出し，日本の主要な茶出荷港となった。)

輸出はオランダ東インド会社によるわずかな買い付けから始まる——二世紀に及ぶ鎖国——ペリー提督による開国交渉の成功——大浦慶夫人による初の「直輸出」の試み——横浜開港に伴う商業規模での対外貿易の始まり——神戸，茶貿易港となる——茶貿易の中心は静岡に——有名企業と名士——茶業組合

日本では，何世紀にもわたって茶が栽培されてきた。しかし，1611年にオランダ東インド会社が徳川幕府の許可を得て平戸に商館を建設するまで，茶の海外輸出は行われなかった。オランダ東インド会社の商館は1641年，長崎港内の小島である出島に移転した。平戸で初の館長を務めたのは，1609年に来日したオランダ公使ヤックス・スペックスである。

オランダの船隊は年に一度到来し，4月から9月まで停泊した。当初は，3,4隻のみであったが，次第に増えていき，60隻に及ぶこともあった。船隊は，砂糖からメガネ，望遠鏡，時計などに至るまで，広く多種にわたる積荷を運んできた。日本からの主な輸出品は，銅とショウノウ〔クスノキから抽出した防虫防臭剤等の薬品〕であり，他に，漆製品や竹細工そして茶も含まれていた。

1621年[1]にはイギリス東インド会社も平戸に商館を設立したが，茶の買い付けは一切行わなかった。商館長リチャード・コックスは，採算が合わないと判断して1623年に閉鎖してしまった。

日本はオランダ人の来日後まもなく2隻の外洋船〔ドン・ロドリゴ号，サン・ブエナベントゥーラ号〕を建造し，1隻を太平洋横断航路でメキシコへ，もう一隻をローマへ送った。しかしながら当時，ポルトガル人によるキリスト教の宣教に関連した不幸な出来事が続き，徳川幕府は鎖国によらなければ国内の安定は図れないと判断した。1638年，長崎でのオランダと中国との限定された交易を例外として，全港の国外貿易が閉鎖された。同時に厳しい禁令が発せられ，国内において海洋航海に適した大型船の建造が禁止された。1641年から1859年まで，長崎が日本国内唯一の対外貿易港であった。諸外国を排し，オランダと中国のみそこで交易を行うことが許された。また，日本の船が外国に寄港することも禁止された。

日本の鎖国政策は2世紀以上に渡って継続されたが，1853年，米国海軍のマシュー・カルブレス・ペリー（1794-1858）が歴史的な来航を果たす。アメリカ東インド艦隊司令長官ペリーは，軍事力を友好的に誇示した上で，巧みな外交手段を用い，徳川幕府にこれ以上の鎖国が得策でないことを悟らせたのだ[2]。ペリー来航は即座に開港をもたらしたわけではなく，最初の条約港である横浜が海外貿易に開かれたのは1859年のことである。

長崎出身の茶商，大浦慶夫人[3]は，ペリー来航に刺激を受け，初の直輸出業を試みた。1853年，長崎のオランダ企業テキストル商会は，彼女の茶の見本をアメリカ，イギリス，アラビアへ送った。イギリスの茶買い付け人

オルトは彼女の見本を気に入り，1856年に長崎に来て，大浦夫人に100ピクル〔6t〕の嬉野ガンパウダー[4]を注文した。この注文に対し，商魂たくましい彼女は，九州全土から茶をかき集め，ロンドンへ送った。オルト氏は長崎に事務所を構え，オルト商会とした。E・R・ハントはこの会社とつながりがあり，後にフレデリック・ヘリヤと組んで，同地でヘリヤ＆ハント商会を立ち上げた。大浦夫人は1884年に死去した。

貿易の始まり

商業規模での茶の輸出は，1859年の横浜港の開港と共に始まった。同年5月末には，香港のジャーディン・マセソン商会が横浜イギリス居留地1番[5]に商館を建設した。ウォルシュ・ホール商会の前身であるトーマス・ウォルシュ商会はアメリカ1番に構えた。また，7番にあったイギリスのバタフィールド＆スワイヤー商会を含め，その他の外国企業は8番までの場所を使用した。この年は，時季に遅れたため，わずか約40万ポンド〔180t〕しか輸出されなかった。これはキャラコ〔綿布〕やその他の物品と交換された。開港初年の輸出の一部は，日本人の間で「亜米一」〔アメリカ1番館の略〕として知られたトーマス・ウォルシュ商会を通し，アメリカへ出荷された。

当初より，アメリカは日本にとって最良の顧客だった。それは直接航路[6]があったということもあるが，アメリカでは当時，緑茶が一般に人気が高かったためである[7]。1859年の最初の出荷に続き，1860年には合計35,012ポンド〔15t〕アメリカに輸出されたが，これはアメリカでの全消費量の0.1%をわずかに上回る程度であった。10年後の1870年には，アメリカでの全消費量の25%に当たる8,825,817ポンド〔4,000t〕，1880年までには47%に当たる33,688,577ポンド〔15,300t〕にまで増加した。そして，第一次世界大戦前の数年間には，アメリカは毎年2万トンを輸入し，それはあらゆる茶の全消費量の半分にも及んでいた。このとき，茶輸出業は最盛期を迎え，日本列島中の茶産地では生産量が最大に達し，広く活気付いていた。第一次世界大戦中[8]（1914-18年）には，日本における人件費が上昇し，山城，大和，近江，伊勢，下総といった高級茶の産地は輸出市場から消えた。現在輸出用の茶を供給しているのは，静岡県内の駿河と遠州（遠江）の二箇所であるが，これは年間約2,600万ポンド〔13,000t〕にまで落ち込んでいる。このうち約1,700万ポンド〔8,500t〕はアメリカへ輸出され，アメリカの全消費量の約16.5%を占めている。残りは，カナダやその他の国々に輸出している。

貿易の初期，横浜時代

横浜の茶業者にとって，外国人との貿易は未経験のことであった。そこで外国企業は中国人買弁[9]を雇って仲介人とし，お互いの言語や文化の理解不足を克服した。彼らは英語も

日本の茶貿易史

横浜にあったアメリカの茶倉庫
(震災前の日本でのMJB本社)

日本語も話し、買い付けの際も、決算時の貨幣の秤量に際しても抜け目なく判断したのだ。当初、現地の貨幣を使わざるを得なかったが、まもなくメキシコの銀ペソが使われるようになる。中国でも、以前からペソを決算の基準通貨として用いていた。政府によって国内の貨幣制度が整備され、日本の貿易銀が鋳造されるようになる10年以上前のことである。

不適切な茶葉の加工や、新しい茶箱が原因で、問題が生じた。長い航海中にカビが生えてしまったのだ。鉛を張った茶箱[10]が登場するまでの数年間は、古くてよく乾燥した茶箱だけが安心して使用できると考えられ、再製茶[11]はまだ知られていなかった。中国の港まではバーク船〔3本マストの船〕で運び、そこで快速船〔クリッパー〕[12]に荷を積み替えて、目的地まで運んでいた。茶は、外国商人にとって船荷をいっぱいにできる唯一の商品だったので、皆こぞって取り扱った。

当時の横浜はわずか87戸からなる素朴な農業と漁業の村であった。しかし、横浜の新地を幕府が外国人に貸し与え、先駆的な貿易用居留地に姿を変えつつあった。開港を迎えた1859年の末までには、外国人居住区に、18人のイギリス人と、12人のアメリカ人、5人のオランダ人が滞在。翌年には、さらに30人の外国人が申請をして借地を得、建物の数はそれに伴って増加した。

攘夷派の抵抗にも関わらず、各地の商人は町奉行所から許可を得れば、外国商人と取引を許された。駿府（現在の静岡）の茶商は、他の地域の商人より難なく許可を得ることができたので、1859年には10の「駿河店」が横浜に開設された。この中に、野崎彦左衛門、駿河屋茂兵衛、小川伝右衛門（後の「駿庄」）[13]がいた。同じ年に野崎の事業は、伊勢藩、津の中條順之助に買い取られ、事務所は長谷伊兵衛に任された。翌年1860年には、新村久治郎（後に野崎久治郎と改名）が主任となった。

1861年、日本の茶貿易における主要な人物である大谷嘉兵衛（後に貴族院議員）は、横浜の問屋の中で名を上げ、後に拠点を静岡に移した。初期の横浜貿易を振り返って、大谷氏は「お茶の供給は山城、江州、伊勢、駿

昔日の茶試飲室、1899年の横浜

ALL ABOUT TEA

旧式茶箱計量

河から来た。産地直送に加え、長井利兵衛、板屋與兵衛、小橋清左衛門、小泉伊兵衛といった大口卸売業者が問屋を通じて横浜へお茶を出荷していた。彼らの茶は質がよく、乾燥も充分で、輸出に際してめったに再製は必要なかった」と語っている。これらの茶は、約1/2～5/8ピクル（66 2/3～83 1/3ポンド）〔30～37.5kg〕も入る防湿の磁器壺に詰められ、「ポーセレンファイヤード」〔壺入茶〕[14]として知られていた。そして、防湿効果のない木製の大小二種の茶箱[15]に詰められた茶とは区別されていた。商売の決め手は、買い付け人に地元問屋が見本を見せることであり、取引が決まると、契約成立の証として両者で三度手をたたく〔手合わせ〕のである。

　1862年、輸出用の国産茶を再製して包装するための製茶倉庫が、横浜の外国人居留地に初めて建設された。広東と上海から熟練の職人がこの仕事をするために招致され、彼らはそれまで日本に知られていなかった着色料[16]、粉飾の技法と共に中国式の鍋を伝えた。こうして完成した茶は「釜茶」と呼ばれた。「サン・ドライド」[17]として知られる茶は、かなり後になるまでは売り出されなかった。当時、この製造工程の副産物は価値がないとされていたため、釜茶から出る細塵は艀船に積んで、海に投棄されていた[18]。「初期の貿易業者の利益は40％もあったが、そんな状態は長く続きはしかった。輸出茶の需要が絶え間なく増大するに伴って、仕入れ値が年々上昇し、利益が低下したのである。」とブリンクリーは語っている。1858年には1ピクル〔約60kg〕20円で言い値で買えた上質茶が、1862年には27円までに値上がりし、そして1866年には42円、少なくとも1858年の倍以上にまで値上がりした。その一方で、単位あたりの利鞘は少なくても、輸出量が確実に増加したので、貿易業は繁栄した。

　横浜での茶の対外貿易が十分な進展を遂げ

昔日の横浜グランドホテル
1923年震災により倒壊した
上　ホテルの建物及び庭園の外観
下　メイン・ロビー

日本の茶貿易史

横浜ニューグランドホテル

ている間，貿易業者は1863年1月1日に開港することになっている第二の条約港，兵庫港の開港に，大きな期待と不安を抱いていた。しかしながら，開港は1868年まで延期された。この頃，攘夷派の侍は商業分野への諸外国の更なる商業的侵略を警戒し，憤激して最後の抵抗を行ったが，1867年結局は幕府滅亡，天皇のもと王政復古となった。兵庫港の開港は1868年1月1日であったが，外国の使節団は使用に適した神戸のほうが良いと強く希望，日本政府もこの変更を認めた。

神戸が茶貿易港に

新政府は直ちに，神戸を諸外国との貿易ができる土地にするための埋め立てと準備の仕事に取り掛かった。そして外国人たちは日本の商人たちとコネクションを結んでおこうと，秘密裏に仕事を進めた。1868年9月までには，一部の区画化された埋め立て地を得るための競売が税関にて行われた。

ドイツのクッチヨー商会，シキユルトライス商会，キニーフル商会の三つの商会が，神戸での最初の商館と倉庫を完成させた。1869年5月までには，他の会社の建物も多く建設された。その中には，1番地ジャーディン・マセソン商会，2番地トーマス・ウォルシュ商会，そして3番地スミス・ベーカー商会の煉瓦造りの倉庫が，そして同じく煉瓦造りのアドリアン商会の商館と倉庫がある。オランダのテキストル商会は芸術的な倉庫と住居を9番地に建てた。1869年の終わりまでには186人の外国人が神戸に住むこととなった。

1920年神戸市発行の『神戸市史』によると，最初の茶は大阪の三商人，吹屋平兵衛，塚屋喜右衛門，菱屋源助が神戸の瓜屋儀三郎に委託し，ジャーディン・マセソン商会のハリソン氏に売り，残りを横浜103番地のロビンソン氏に売った。しかしながら，開港当時から神戸にいた薗部住蔵はこの記述に反論している。薗部氏によれば最初の茶はスミス・ベーカー商会への販売であった。このとき，スミス・ベーカー商会の商館と倉庫は完成していなかったが，既存の建物を借用していたのだという。

当初，多くの神戸近隣の商人たちは外国人との取引をしたがらず，外国人は横浜や長崎から付いて来た零細商人に頼るのみであった。後々，大阪の山本龜太郎のような有力な茶商が外国商会と大規模な取引を行った。

神戸港の開港の後，長崎港は茶貿易港としての重要性を失った。それ以後，貿易において「神戸茶」，「横浜茶」として出荷元によって大きく二つに別れた。神戸茶は，山城の宇治，江州の朝宮などのさまざまな有名産地を

神戸における初期のアメリカ茶会社事務所及び倉庫
（二階の張り出した部分は、茶試飲室に光を反射させるように設計されている。この建物は、ジョージ・H・メイシー商会本社のもの）

含んでおり、横浜茶は同じく有名な静岡県の川根茶、本山茶、佐久間茶[19]、東京の東部地域の八王子[20]も生産地だった。横浜茶は神戸茶よりも品質が良かった。

　当初、神戸の外国商会によって建設された倉庫の大半は、再製用の工場設備であったが、その点で横浜は、より性能の良い設備をもっており、長年にわたって余剰の原料茶葉が持ち込まれた。多くの買付け人が横浜と神戸にそれぞれの商館を持っていたが、両者にはそれぞれ買付けの受持ち区域があったため、対立関係はほとんど無かった。

直接貿易への最初の試み

　輸出取引の開始当初から、このビジネスは買い手の外国商と、売り手の日本人売込商によってなされていた。売込商は地方から運ばれる茶の総売上高の4.5％を受け取っていた。しかし、生産は当時の需要に追いつき、そしてこれを越え、過剰が出ることにより、生産費用を賄うだけの価格維持が難しくなった。識見と先見の明のある茶業者は生産を切り詰めるより、むしろ過剰分を何かに利用しようと努めた。そのような中で二つの計画が提案された。一つは紅茶を製造し、外国商を通すことなく直輸出するというもの、もう一つは、

日本の茶貿易史

無着色の緑茶を製造し直輸出するというものであった。

それに応じて1873年，内務省勧業寮農務課では実験的にいくつかの県において紅茶の製造をはじめた。これらの試みは失敗に終わったものの，1875年，大久保内務卿のもとで，四国や九州で自生する山茶という野生の茶葉で紅茶を製造する試みがなされ，期待以上の成果を生んだ。中国人の紅茶専門家二人〔凌長富，葉桃桂〕が，大分県木浦と白川県（現熊本県）人吉21)の工場を運営するために雇われた。製造された茶は国内において再製し，アメリカへ輸出され見事な成果を収めた。

無着色の緑茶を製造するという，もう一つの計画に従って，神鞭知常（こうむちともつね）という人物が1873年アメリカへと派遣された。彼の見本茶は好評を博し，最低でも月に33,000ポンド〔15 t〕送ると計画した。岡本健三郎は，東京木挽町の政府工場において無着色茶を製造することを許可されたが，不運なことに茶価の暴落〔西南戦争勃発による〕により，この試みは悲惨な最後を迎えた。

1876年には静岡県沼津の積信社，新潟県村松の村松製茶会社，埼玉県入間郡の狭山会社など，多くの直輸出の企業が組織された。その頃，益田孝（後の男爵），平尾喜壽（きじゅ），依田治作，坂三郎の4名が，直接貿易の発展に大変興味を覚え，東京九段の玉泉亭において促進を図る会合を開いた。しかし，直輸出に乗り出したもののうち誰一人，外国貿易の知識のある者がおらず，外国市場とのコネクションもまったく無く，わずかに益田氏のみが英語の知識があるというだけであった。これらの試みはまったく成功することなく，すぐに全員がこの事業から手を引いた。

政府や様々な会社が商況を好転させようと無駄な試行錯誤をしていた頃，思いもかけない所から救いの手が差しのべられた。1876年，静岡県富士郡比奈村にある野村一郎の製茶工場の責任者である，赤堀玉三郎，漢人（かんど）惠介という2人の茶の専門家が籠茶22)の製造方法を考案したのだ。アメリカの市場は，籠茶を待っていたかのように，その需要が急増した。わずか数年の間に年間輸出量は600万ポンド〔2720 t〕を超え，当初から日本茶の市場拡大に大きく貢献するものだった。

籠茶は，富士郡発祥のものであったが，志太郡産の緑茶葉が籠茶用に最適であるとわかり，現在，静岡市から12マイル〔19 km〕西へ行った田舎町，藤枝が籠茶の中心地となっている。

特撰籠茶
静岡の茶業者である赤堀及び漢人によって1876年に初めて導入された。このような茶は，「スパイダーレッグス（蜘蛛足）」あるいは「パイン・ニードル（松葉）」とも呼ばれる。

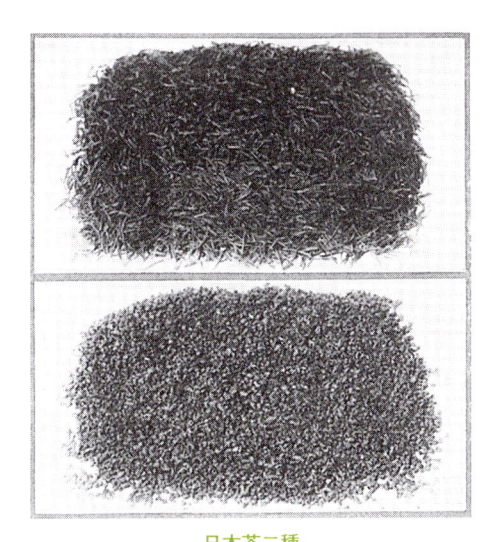

日本茶二種
　上　煎茶型：釜茶と普通煎茶
　下　ぐり茶型：雨前及び雨茶：熙春茶

販売促進のための展示

1876年，日本は米国独立百年フィラデルフィア記念万国博覧会において，茶を含む日本の生産物の重要な展示を行うことを決めた。そしてこれは，アメリカにおいての日本茶の集中的な宣伝の始まりであり，以来，一時の中断はあったものの継続して宣伝が行われた。

また，1879年日本茶にとって重要な展示会となるシドニー万国博覧会が開催され，日本は紅茶部門で最優秀賞を獲得した。このようにして勢いがつき，日本政府は紅茶製造の発展促進に継続的に取り組み，翌年にはすべての紅茶会社が1社に統合[23]され，横浜紅茶商会となった。この会社はメルボルンへの大規模な紅茶の輸出を行い，また，1,500ピクル（20万ポンド）〔907t〕をスミス・ベーカー商会に委託しアメリカに送った。しかし，どちらの仕事も成功せずに会社は続かなかった。

1879年9月15日には，横浜町会所において初の製茶共進会が行われた。これは，茶の生産者が参加し，すべての出品物が見本茶である最初の品評会であった。茶業先覚者28人が審査員として，出品物に対し専門的な審査をし，賞を与えるために召集された。この催しが行われた後に彼らは，製茶業と貿易に関する問題を議論するのを目的として，茶業集談会[24]を組織した。

この時代，釜茶は籠茶同様，中国秘伝の方法で着色加工されており，無着色であるはずの「サン・ドライド」でさえ，もっともらしい色を付けるために，何らかの黄色の物質で処理されていた。

産業全体の組織化

1882年，アメリカは混ぜ物をして品質の落ちた茶の輸入を禁止する法律[25]を成立させた。従って，着色や粗悪品の製造を阻止する必要が生じた。こうした目論みを視野に入れた対策が，神戸で催された第二回製茶共進会（品評会）〔1883年9月～10月〕の後の10月9日，製茶集談会の席で講じられた。請願書が政府に建議され，その内容は，製造業の悪習を排除するため国内の茶業者を組織化する必要があるということであった。

茶業組合準則が1884年1月に公表され，茶業協会が生産地区ごとに組織された。5月

には各地の協会の代表らが東京で会議を催し、中央茶業組合本部[26]を組織した。初代の役員は、総括に川瀬秀治、幹事長に大倉喜八郎（後に男爵となる）、幹事として丸尾文六、中山元成、大谷嘉平衛、山本亀太郎、山西春根らがそれぞれ就任した。中央茶業組合本部は当初から、製茶の改良と日本茶の市場を海外へ拡大することに従事していた。

1885年から1900年にかけての貿易

日本の外国向け茶貿易は回復し、1885年から1887年にかけてにわか景気[27]を迎えた。この結果として、再製工場と新規に設立される商社が増加した。山城製茶は山城にある伏見に再製工場を設立した。その他2つの工場が滋賀県の大津と土山に建設された。茶を輸出する会社が、清水、神戸、大阪、京都で新たにつくられた。

1888年からの8年間は輸出の拡大を目的とした海外市場調査期間であった。ロシアでじかに情報を集めるため委員を特派した。このことにより大谷氏を会長として、日本製茶会社が組織されることとなり、ロシアに対しての茶の販売とアメリカの市場調査が行われた。しかし、凄まじい嫉みの感情が国内で巻き起こり、1891年に日本製茶会社は解散した。

1892年には横浜7番にあったバターフィールド＆スワイヤー商会が同社の茶部門を停止した。同年、210番のバナード・ウッド商会はバナード商会によって引き継がれた。そしてフレーザー＆ヴァーナム商会〔the firm of Frazer & Vernum〕は、フレーザー・ヴァーナム商会〔Frazer, Vernum & Co.〕として再編成された。

1892年に茶業組合中央会議所は、その翌年シカゴで開催されるシカゴ万博[28]〔アメリカ大陸発見400年記念〕に出品を要請された。すぐに伊東熊夫がシカゴに赴き、彼の帰国を待って、日本式喫茶庭園[29]の開設の決議がなされた。そしてそれは万博で人気の呼び物の一つとなった。伊藤市平は準備のため、現地に送り込まれた。それを当時アメリカ留学中の学生であった、古谷竹之助が補佐した。山口鐵之助が主任、駒田彦之丞は相談役であった。博覧会が進行する一方で山口・伊藤両氏は広範囲に渡って主要な市場を調査しながら、アメリカ中を回った。

新たに学んだアメリカ市場の知識を利用し、また「直接貿易」会社の設立を検討するため、日本茶業会[30]が1894年に発起された。日本の茶商らが元農商務次官、前田正名の助言を受けながら活動した。本部は東京に設立され、横浜、神戸、九州に支部がおかれた。その年のうちに、日本茶業会はシカゴ万博で相

初期の日本茶宣伝者
（古谷竹之介　駒田彦之丞）

日本茶貿易の草分け
1. 故丸尾文六　2. 故尾崎伊兵衛　3. 原崎源作　4. 尾崎元次郎　5. 故森榮助
6. 故 三橋四郎次　7. 鈴木常次郎　8. 吉川堤次郎　9. 石垣斎次郎　10. 笹野徳次郎

談役を務めた駒田彦之丞にアメリカの市場調査を委託した。駒田氏は商取引の経験が豊富で、英語に精通し、在職中は多大な功績を残した。その後、彼は長年にわたり神戸の日本製茶輸出会社の代表としてアメリカに渡った。

1894年、アメリカの会社であるC・P・ロウ商会は生糸で大幅な損失を出したため倒産し、日東貿易会社がその後を引き継いだ。日東貿易会社はC・P・ロウ商会の債権者が一部出資していた日本の企業であった。シカゴのC・P・ロウ商会へは日東貿易会社が数年間茶を送ったが、最終的には破産した。1894年、チャイナ＆ジャパン・トレーディング・カンパニーが茶部門を停止した。ニューヨークのカーター・メイシー商会は、この時期に同社の買付人を日本へ送り込んだ。しかし再製は、横浜のコーンス社が行っていた。Ah Ows 氏[31]は以前は外国の商社相手の買弁であったが、1895年に横浜131番で自分の再製工場を始め、シンガポールへ輸出した。

1896年、日本製茶株式会社が横浜で組織され、神戸では日本製茶輸出株式会社が組織された。両社共に「直接貿易」を目標とした。

1897年に、横浜とは別に、初の直輸出用の茶が静岡でつくられた。また、茶の製造は日本の至る所で手作業から機械生産へと変化し始めた。茶葉粗揉機という、最初の緑茶製造機械が高林謙三によって12年前に発明されたが、1892年になるまで製造業者はそれを採用しなかった。何種類かの再製機がフレイザー・ヴァーナム商会によって1892年以来使用されており、後にハント商会も使うよ

原崎式茶葉粗揉機

うになった。ヘリヤ商会も再製機を導入したが，それは内密にされていた。しかしながら，静岡にあった富士合資会社の原崎源作が1898年，労力削減の再製釜を発明し，再製業の発展に多大な貢献をしたのである。彼は続いて茶葉粗揉機も考案した。

1898年，横浜48番モリソン商会，また，22番ミッドルトン＆スミス商会，143番フレイザー・ヴァーナム商会はそれぞれの茶部門を廃止した。1899年，日本の輸出業者のうち，茶の取引を続けたのは神戸の日本製茶輸出株式会社，横浜の日本製茶株式会社，伏見の伏見起業株式会社，そして静岡県の堀之内にあった富士合資会社であった。

1897年から1903年にかけての7年間は，これまで増加しつづけていた余剰生産を処分するために，日本人が海外市場の拡大を試みた時期であった。1897年に大谷嘉平衛，相澤喜兵衛両氏が政府から年間助成金[32]として7万円（約35,000ドル）を獲得した。それは日本茶業中央会議所が向こう7年の，海外での宣伝に使う資金だった。

1898年，アメリカ政府により茶1ポンドにつき10セントの輸入関税が戦時税として課された。その影響で取り引きは大幅に減少した。1899年，日本茶業中央会議所の前議長である大谷氏は輸入関税の廃止を促すためアメリカへ渡航した。後の1901年，茶税廃止連合がニューヨークで結成され，1903年には関税が撤廃された。

新世紀の幕開け

1901年に横浜33番モリヤン・ハイマン商会は倒産し，その翌年221番コーンス商会は茶部門を閉鎖した。これに従い，それまでコーンス商会に再製をさせていたカーター・メイシー商会は，216番に自社の再製工場を開設した。

茶の輸出を行う商社の中で1902年の末まで神戸で生き残ったのはヘリヤ商会，スミス・ベーカー商会，ジョン・C・ジークフリート商会，カーター・メイシー商会，そして日本製茶輸出会社であった。

原崎式再製釜

静岡にて
（上　浮月楼，下　大東館）

清水港の開港に伴って，静岡県で，再製工場が次に挙げるように設立された。

1899年　静岡に静岡製茶会社
1900年　富士合資会社の静岡支社
1902年　江尻に東海製茶会社，藤枝に笹野徳次郎商店，静岡に森築助商店，成岡甚之丞商店，吉田村に中村圓一郎製茶部，掛川に小笠製茶株式会社，牧之原に牧之原製茶株式会社
1903年　静岡に吉川覺次郎商店
1904年　島田に齋藤儀太郎商店，島田に島田製茶会社，金谷に村松製茶会社，藤枝に鈴木常次郎商店，その他

これらの日本国内の商社及び個人は，アメリカでの代理店としてニューヨークの古谷商会，シカゴの水谷商会，モントリオールの西村商会と契約した。水谷商会は，日本製茶輸出会社の代理店N・ゴットリーブ商会と合併し，社名をゴットリーブ水谷商会と改めた。

静岡へ移行する貿易

そうこうするうちに，貿易輸出の中心は静岡市へと移行し始めた。静岡市は県内の二大産地に近く，そこが輸出貿易を支えていた。清水港[33]は静岡市の海港で，1900年に海外貿易用に開かれ，同年の茶の輸出量は209,799ポンド〔95.2t〕であった。J・C・ホイットニー商会は清水港に支社を設立した最初の外国企業であった。1903年春，フレッド・グロウ（アルフレッド・グロー）はF・A・ジャック茶商会の買付人としてシカゴから静岡へ渡り，同年の終わりごろJ・C・ホイットニー商会に加わった。

1904年伊勢地方にある四日市港[34]が外国貿易に開かれ，その年のアメリカ及びカナダ向けの茶の輸出量は565,635ポンド〔257t〕であった。

静岡のクラブハウス

日本の茶貿易史

静岡らしい風景
（茶摘娘姿の芸者）

当初から静岡の茶の業界は，古くからある市場とは異なる体制を持っていた。輸出仲介業者から買い付けるのではなく，輸出業者と再製業者，又は輸出業者と生葉売りとの間でより直接的な取引が行われた。旧来の市場から移ってきた業者は別として，静岡の輸出業者は，自らの再製工場を設立する労はとらず，現地の再製業者から購入した。

シカゴのゴットリーブ水谷商会は，再製茶の買付人として静岡に会社を設立した最初の外国企業であった。それは1906年のことである。1908年にゴットリーブ水谷商会は分裂し，ゴットリーブ商会として引き継がれた。同年，水谷商会，W・I・スミス商会，J・H・ピーターソン商会，バークレイ商会はそれぞれの事務所を設立した[35]。ジョン・C・ジークフリート商会は1908年以前に事務所を開設し，ジャーディン・マセソン商会は大規模な再製工場を建設した。一方ヘリヤ商会は本社を静岡へ移転し，大幅にその再製工場と倉庫を拡大した。ジャーディン・マセソン商会とヘリヤ商会は再製工場に最新の原崎式再製釜を採用した。ハント商会は1912年に横浜から移転してきたとき「秘密の再製機械」を一緒に携えてきた。

横浜にあるスミス・ベーカー商会の茶輸出部門は，1910年にオーティス・A・プールによって引き継がれ，静岡へ移転した。1912年にはジョージ・H・メイシー商会は横浜101番にあった自社の倉庫を閉鎖し，他社同様，静岡に移転した。

1912年末には茶輸出業者としてはただ1社，ブラデンスタイン商会という茶輸出業者だけが横浜に残った。神戸に最後まで残った日本製茶輸出会社はそれ以前に解散していた。こうして，古き茶貿易の歴史は事実上終わりを迎えた。

第一次世界大戦時中（1914-1918）

第一次世界大戦が日本の茶貿易に有利に働いた。1914年から1918年まで輸出量・輸出額は，共に増加した。紅茶や磚茶[36]，台湾烏龍茶は，再輸出のために他の生産国から日本に輸送された。そしてそのお陰で，1914年から1918年の五年間の平均総輸出量は，1909年から1913年までの平均4,000万ポンド〔1万8,000t〕をはるかに超える5,000万ポンド〔2万3,000t〕にまで膨らんだ。最も困難だったのは十分な大きさの船を確保することであった。これが影響し，輸送費用は急激に上昇した[37]。日本での製造原価も，業界史上最高値まで上昇した[38]。大戦末には粗悪な製法の茶が出回ることになり，またコスト高

も災いして，貿易上更に不利となった。

第一次世界大戦後の十年間

第一次世界大戦後の10年間（1919年から1928年まで）は日本の得意先である合衆国において，東インド産紅茶の消費が著しく増えた。戦前は平均約4,000万ポンド〔18,100 t〕で戦中は平均約5,000万ポンド〔22,700 t〕以上だった日本産緑茶の輸入量が，それに伴って平均約1700万ポンド〔77,000 t〕にまで激減した。日本産の銘柄茶をさかんに買っていた外国輸出企業の多くは市場から消え去り，その市場はほんの一握りの外国輸出企業と，

国の悲願であった直輸出を実現した，同じように少数の老舗の国内茶業者に委ねられた。

表1の「日本茶の輸出」は1932年の5月1日から翌年1933年の4月30日の間に生産された日本茶の輸出業者を示している。この表はまた，輸出業者の出荷量と，その日本茶が輸出された国も示している。

今日の日本茶市場は輸出業者に加え，約40の再製業者と多くの生葉売によって成り立っている。

自社再製業者は，ヘリヤ商会と静岡市北番町の富士製茶である。

再製販売業者は，土太夫町の石垣長右衛門，材木町の伏見合名会社，日本製茶会社，葵町

表1　日本茶の輸出
(1932年5月1日から1933年4月30日までに生産された茶に関する)

輸 出 業 者	トン（量）	ポンド（量）
アーウィン・ハリソンズ・ホイットニー商会	4,128	9,100,202
ジークフリート・シュミッド商会	1,787	3,938,953
ヘリヤ商会	1,548	3,412,801
富士製茶株式会社	1,417	3,123,871
日本茶直輸出組合	1,098	2,421,598
ビー・エー商会	910	2,005,730
栗田商会	399	878,656
三井物産会社	385	848,741
M. J. B. 商会	304	671,025
三菱商事会社	63	139,607
日本緑茶生産組合	33	73,755
吉永商店	19	41,500
静岡貿易会社	18	39,182
茶業中央会議所	13	27,983
その他	10	21,650
合　　計	12,140	26,745,254
ニューヨークへ	3,386	7,465,833
シカゴへ	3,508	7,733,708
太平洋沿岸へ	831	1,831,915
合衆国合計	7,725	17,031,456
カナダへ	961	2,117,968
ロシアへ	2,030	4,475,649
他の国々へ	1,415	3,120,181
合　　計	12,140	26,745,254

84

1924年静岡のアメリカ人茶買付人

左から右へ。上段：W・H・とジョン・ジークフリート（ジークフリート商会）　P・E・バウスフィールド，A・T・ヘリヤ，フレデリック・ヘリヤ，C・H・ライトフッド（ヘリヤ商会）　J・F・オグリビー，ポール・アレン（アーウィン・ハリソン・ホイットニー商会）
中段：D・J・マッケンジーと同僚（アーウィン・ハリソン・ホイットニー商会）　J・H・ピーターソン，W・L・ハリントン，C・カンケル（カーター・メイシー商会）　ジョーン・バッカーと同僚（M・J・ブランデンスタイン商会）
下段：A・C・ワリサー（J・A・フォルガー商会）　A・V・C・マーハー，オーティス・A・プール（オーティス・A・プール商会）　N・ゴットリーブ

ALL ABOUT TEA

輸出向け茶梱包作業（静岡）

の海野兼太郎，安西3丁目の野崎紋治郎，安西2丁目の内野直次郎，西寺町の佐瀬佐太郎，北番町の静北製茶会社，静岡製茶，安西5丁目の山本庄三郎，安西1丁目の駿静製茶，安西3丁目の村尾鶴吉，辻安吉，吉川合名会社，以上全て静岡市内である。

郊外の再製業者（静岡県内）は，島田の第一製茶再製所，菅沼大吉と藤枝の合名会社笹野商店，合名会社西野商店，川崎の有原八郎，栃山の一言伊左衛門（ひとこといざえもん），斎藤純，藤枝の鈴木小作，森町の西野熊次郎，栃山の丸三製茶再製所，森町の森町茶会社，岡部の駿岡社，藤枝の花澤武次郎，鈴木常次郎，二俣の遠州製茶会社，掛川の堀有三，以上。

日本の著名な茶会社

ペリー提督が来航してから，日本初の対外貿易港，横浜が開港されるまでおよそ6年もかかった。先駆けとなった外国の茶輸出会社のなかでも，ジャーディン・マセソン商会が現れたのは早かった。香港のジャーディン・マセソン商会は1859年に横浜に日本最初の支社を，続いて数年後に東京，下関，静岡，神戸，大連に支店を設立した。現在の経営者はF・H・バグバードで，その本社は横浜にある。

もう一社の日本茶輸出業者の先駆けはスミス・ベーカー商会で，1859年頃横浜に会社を設立した。設立時の共同経営者は，ウィリアム・ホラス・モース，エリオット・R・ス

日本の茶貿易史

ミス，リチャード・B・スミス，コルゲイト・ベーカー，ジャシー・ブライデンバーグであった。支店は，日本では神戸，静岡，横浜，そして台湾の台北とニューヨークに設立された。モース氏は1840年ボストンで生まれ，若い時に来日した。エリオット・R・スミスは西部の士官候補生だったが，辞めてモース氏のように日本へ来た。そこで彼らは知り合い，リチャード・スミスと共に会社を設立した。後に，モース氏は横浜のアメリカ領事となった。その会社は1906年に株式会社となり，本社はニューヨークへと移った。取締役はエリオット・R・スミス（社長），ジョン・C・ウイーツ（副社長），ウィリアム・O・モース，ゲイル・ヤングであった。1910年に，横浜の茶輸出部門がオーティス・A・プールに引き継がれて静岡に移転し，オーティス・A・プール商会として現在も続いている。スミス・ベーカー商会はカーター・メイシー商会に合併される1916年1月1日まで存続した。

　茶の輸出取引における，日本人茶商の第一人者は野崎久治郎である。1859年に横浜に来てから，外国人との複雑な取引の方法を素早く身につけ，仲間の茶商人に茶の販売方法を教え手助けをした。彼は同様に中国人買弁にも助言を与えることができた。一方，外国の買い手も十分な買付を行うために彼の助言を頼りにしており，彼も喜んでそれに応えた。彼は1877年に亡くなり，取引先の買弁達が彼をたたえて，横浜に記念碑を建てた。

　大谷嘉兵衛[40]——日本の茶輸出取引の主要人物の歴史を語るのなら故大谷嘉兵衛には特に敬意を表すべきである。彼は中央会議所の会頭を長年務め，日本の茶貿易の大御所である。そのめざましい貢献を評価されて，彼のように生前に記念碑を建てられた人間はほとんどいない。氏の二体の像は，一体は1917年に静岡の清水公園に，もう一体は1931年に横浜の宮崎町にそれぞれ建てられた。彼は1933年に亡くなった。

　大谷氏は1844年に生まれ，18歳の時に横浜の茶商であるスミス・ベーカー商会に入社した。彼は当初製茶買入方主任であったが，後に同社の相談役となった。彼は入社前に製茶買入方として身を立てており，スミス・ベーカー商会に入社後もその仕事を続けていた。彼がスミス・ベーカー商会に関わっている間は，彼自身の仕事と同じようにスミス・ベーカー商会も繁盛し，まもなく際立った成

大茶商を称えて存命中に建立された彫像
（上　横浜の大谷像，下　静岡の大谷像）

功をおさめた。

　大谷氏は茶事業に関わるとすぐに中央会議所で頭角を現し，1887年に会頭に選ばれ，1927年に退職するまで40年間会頭を務めた。

　大谷氏は1899年から1900年にアメリカとヨーロッパを訪れ，フィラデルフィアの第一回万国商業大会には，東京，横浜両商業会議所の代表として出席した。この会合で彼は太平洋横断海底電線を敷くことの必要性と，米西戦争による茶税の撤廃を促す提案をした。

　ヘリヤ商会——故フレデリック・ヘリヤは，毎年来日する外国茶商人のなかでリーダーを長年務めていた。1849年にイギリスに生まれ，彼は1867年に初めて来日し，叔父のハント氏が社長を務める茶輸出業者のオルト商会（1856年設立）に入社した。1869年ごろにオルト商会は廃業し，ハント＆ヘリヤ商会が創設された。その会社は1874年にフレデリック・ヘリヤとその兄弟トーマス・ヘリヤによるヘリヤ商会に引き継がれるまで存続した。彼らは神戸で茶輸出業を行い，そして横浜に支店を開いた。フレデリック・ヘリヤは1888年にアメリカに渡り，現在では本店となっているシカゴ支店を，1899年に静岡にもう一つの日本支店を開設した。神戸と横浜の事務所は1917年に閉鎖された。フレデリック・ヘリヤは1915年に亡くなったが，存続している外国茶会社の中で，最も歴史のあるその会社はシカゴのアーサー・T・ヘリヤ，ウォルター・ヘリヤ両氏と，静岡のハロルド・J・ヘリヤに引き継がれた。ハロルド・ヘリヤは1925年の後半に亡くなり，前述の二人があとを継いだ。アーサー・T・ヘリヤは「日本緑茶販路拡張連合特別委員会」〔本文中これより「特販」と表記〕の会員である。

　静岡とサンフランシスコにあるMJB商会は，サンフランシスコと横浜にあったジークフリート・ブランデンスタイン社を引き継いだM・J・ブランデンスタイン商会のあとを継ぎ，1893年に横浜に茶の包装工場を設立した。創立者はジョン・C・ジークフリートとM・J・ブランデンスタインの共同経営で，1894年から1900年までの彼らの駐日買付け人は現在ニューヨークの事務所を取り仕切っているアルフレッド・オルデンであった。その会社はジークフリート氏が自身のジョ

| フレデリック・ヘリヤ | ハロルド・J・ヘリヤ | アーサー・T・ヘリヤ | ウォルター・ヘリヤ |

先駆的な茶輸出アメリカ企業の創業者と傑出した人物達

日本の茶貿易史

ン・C・ジークフリート商会を設立する為に去った1902年までジークフリート＆ブランデンスタインとして存続し，その後故ジョン・ベッカーが買付人を務め，M・J・ブランデンスタイン商会として存続した。ベッカー氏はかつて横浜の著名人であった。関東大震災の影響で，1923年に本社が横浜から静岡に移転した。M・J・ブランデンスタインとベッカー氏はともに1925年に亡くなり，翌年現在の形であるMJB商会へと法人化された。前の会社のメンバーで生存しているのはサンフランシスコのエドワード・ブランステン（旧姓ブランデンスタイン）ただ一人で，彼は現在社長であり，合衆国茶業者委員会の議長を務めている。MJB商会（株）静岡支社の中島氏は「特販」の会員である。

北番町62番地の富士製茶株式会社はアメリカに向けての輸出量で第一位の直輸出業者であり，1888年以降営業している。1880年から生茶葉仲買業に従事していた横浜の謙光社を1888年に引き継いだ。富士商会は当初丸尾文六，尾崎伊兵衛，原崎源作，安田七郎他の経営下で珍しい物品や食品を輸出していた。1890年代に茶の輸出を始め，1891年に小笠郡堀之内に再製工場を設立した。ここで原崎氏の監督の下，新しい方法による茶の再製が試された。1894年に経営形態が変わり富士合資会社となった。1898年に原崎氏が人の作業を軽減させる再製釜の特許を取得した。これは，輸出用の日本茶製法に変革をもたらした。1900年に静岡に支店が開かれ，翌年に本社が静岡へ移転した。1921年12月には富士製茶株式会社として再編成された。1935年の役員は社長が尾崎元次郎，経営管理役が原崎源作であった。原崎氏は「特販」の会員である。

カーター・メイシー商会のメイシーという名が神戸と横浜の茶貿易に登場するのは，1894年頃のことである。初めて機械で再製した先駆の外国の茶会社フレイザー・ヴァーナム商会がニューヨークのカーター・メイシー商会（フランク・E・ファーナルドが買付を務める）に引き継がれたときのことだ。会社は1916年に法人化され，1917年に本社が静岡へと移転した。ジョージ・H・メイシーは1918年に亡くなり，そして会社は1929年に廃業した。

故ノーバー・ゴットリーブは日本で再製した茶の買付人兼輸出業者となり，シカゴに本社を置くN・ゴットリーブ商会が1898年に静岡で開業した。1903年頃，ゴットリーブ氏は茶業中央会議所の代理店としてシカゴで

東京の帝国ホテル
（上　正面，下　ダイニングルーム）

日本茶の販売をするため、ゴットリーブ水谷商会という名で水谷友恒と共同経営をはじめた。1906年、ゴットリーブ水谷商会は静岡に支店を設立したが1908年に解散し、1909年ゴットリーブ氏はゴットリーブ＆ピーターソン商会として営業を再開した。1910年、社名をゴットリーブ商会に変更し、1921年にはN・ゴットリーブ商会に変更した。ゴットリーブ氏は1929年6月にシカゴで亡くなったが、1925年から亡くなるまで「特販」の会員であった。

伊勢室山の伊藤小左衛門の経営のもと、1897年に伊藤小左衛門商店の社名で再製会社が設立された。1917年、社名を伊藤製茶部に変更し、やがて直輸出事業も行い1924年まで経営を継続した。

静岡とシカゴのジークフリート商会は、ジョン・C・ジークフリート商会という名で1902年にジョン・C・ジークフリートによって設立された。以前、ジークフリート氏はジークフリート・ブランデンスタイン商会のパートナーだったが、この年彼は独立して静岡に茶の買い付け会社を設立した。ジョン・C・ジークフリートが1915年7月8日に亡くなったため、1917年に彼の子息であるウォルター・H・ジークフリートが代表となってジークフリート・シュミット商会として組織が改められた。他の役員にはE・シュミット、C・E・グラン両氏と、創設者のもう一人の子息であるジョン・ジークフリートが就任した。シュミット氏は1933年に引退したため、社名をジークフリート商会に改めた。ウォルター・H・ジークフリートは1925年「特販」結成当初からの会員だった。

ウォルター・H・ジークフリート 　　ジョン・ジークフリート
ジークフリート商会の重役

オーティス・A・プール

オーティス・A・プール商会は横浜のスミス・ベーカー商会を指揮していたオーティス・A・プールが事業を継承し、1909年設立以来、静岡の海外茶輸出業者の間で20年にわたって顕著な存在であったが、1926年プール氏の引退を機に廃業した。

オーティス・A・プールは1848年ウィスコンシン州のベロイトに生まれ、1875年にシカゴの卸業であったヘンリー・セイヤースと茶業を始めた。1880年シカゴのリード・マードック＆フィッシャー社の茶部門の買付

大谷嘉平衛	相澤喜八郎	松浦五兵衛	中村圓一郎
会頭 1907-1927	副会頭 1909-1915	会頭 1927-1930	副会頭 1931-1934

茶業組合中央会議所役員 1907 1934

人兼部門長になり，4年後シカゴの茶輸入業社のE・A・ショイヤー商会に入社し，1886年同社の代理人として上海へ渡った。そして，1888年横浜のスミス＆ベーカー社の一員になった。茶業中央会議所の元会頭で，対米日本茶輸出貿易の先駆者でもある大谷嘉兵衛とプール氏の長年の付き合いが始まったのはその頃である。また1888年には，夫人と3人の子供をシカゴから横浜に呼び寄せ，その後30年間横浜で暮らした。プール氏は1926年に事業から退き，1929年カリフォルニアのバークレーで亡くなった。

日本で有数の銀行兼商社である三井物産会社は東京に本社を置き，世界中の商業中心地に支店を持っている。1911年に茶貿易事業に参入し，同年ニューヨークに事務所を開設した。三井物産会社は台湾茶の生産と販売に力を入れ，日本茶に関してはアメリカで何年も販売してきたが，日本茶の直輸出業者として名が通りはじめたのはつい最近のことである。しかしながら三井物産会社はアメリカとの茶直接貿易を続けるため1928年の初めに静岡に支店を設立し，大谷嘉兵衛を取締役に置いた。そして初年度の輸出量は100万ポンド〔450t〕を超え，17ある茶輸出業者中第6位となった。

最大の日本茶の輸出業者であるアーウィン・ハリソン・ホイットニー株式会社の静岡支店は，C・アトウッドとフレッド・A・グローの両氏が1906年に設立したJ・C・ホイットニー社の支店，及びR・F・アーウィンとA・P・アーウィンの両氏が1914年に設立したアーウィン・ハリソン＆クロスフィールド株式会社の支店を引き継いだ。グロー氏はシカゴにあるJ・C・ホイットニー商会の取締役の一人であり，1913年の少し前までは毎年日本へ出張していた。その一方で，J・F・オグリビーは同社と提携を始めるようになり，グロー氏が日本への出張をやめるとオグリビー氏が日本の支社長としてグロー氏の後を継いだ。グロー氏は日本茶の振興活動に積極的な関心を示し，1925年に組織された「特販」の第一期委員となった。グロー氏は合併後のアーウィン・ハリソン・ホイット

ニー株式会社の副社長となった。彼は1929年に引退し現在シカゴに住んでいる。

1914年以降、アーウィン・ハリソン＆クロスフィールド株式会社は、静岡にある自社の買い付け事務所を運営した。1918年に、現在の会社の財務部長であるR・F・アーウィン氏は日本へ出かけ、その支店の業務を再編し、約5年間にわたり滞在した。

二つの会社（J・C・ホイットニー社とアーウィン・ハリソン＆クロスフィールド株式会社）は現在のアーウィン・ハリソン・ホイットニー株式会社の社名で1924年の3月に合併し、J・F・オグリビーと、D・J・マッケンジー[41]の両氏及びポール・D・アーレンズを抱え、日本の買付人とした。オグリビー氏は1925年に引退し、オハイオ州コロンバスに移り住み、その後亡くなった。マッケンジー及びアーレンズ両氏は現在も買付人をしている。マッケンジー氏は1926年から、「特販」の委員になった。

東京の野沢商店は1920年以前から日本茶をアメリカへ輸出し始めており、その後はオーストラリアへ輸出した。1925年に野沢商店はアメリカへの輸出を再開し、1933年にはニューヨーク州のビンガム商会をアメリカの日本茶代理店として指定した。

ビーエー商会〔Buying Agency Co.〕は1924年に静岡に設立された。経営者である池田謙蔵は、以前はニューヨークの古屋商店と取引関係をもち、後には池田・本間商会と取引をした。ビーエー商会は以前ジャーディン・マセソン商会が所有していた建物を手に入れ、直接貿易を行っている。

アングロ―アメリカン・ダイレクト・ティー・トレーディング商会はニューヨーク市に本社を持ち、1934年に石井晟一を支店長とする日本茶買付店を静岡に開設した。日本茶振興会の会長であり、以前は静岡県の富士合資会社の取締役であった石井氏は、1900年代初頭から毎年訪米していたことから合衆国の貿易業界では有名であった。石井氏の補佐をしたのは、台北のアングロ―アメリカン商会で以前、茶の買付をしていたR・G・コフリンである。

石井晟一　　宮本雄一郎
日本緑茶販路拡張連合特別委員会委員

日本茶業組合

1883年に茶業集談会が開催され、日本茶業を脅かす危険について議論が交わされ、粗悪な日本茶の生産を規制するため茶業者が組合を組織できるよう、政府に対し、建議書が議決された。

政府は誠意をもって対応し、その翌年の1884年には「茶業組合準則」を公布し、準則実施のために計1500円（約720ドル）を助

海野考三郎　　　粟谷喜八　　　三橋四郎次　　　西　巌
理事 1909-1915　　副会頭 1928-1934　　理事 1928-1934　　職員 1909-1023

茶業組合中央会議所役員　1909 1934

成した。各府県及び都市に地方組合が作られ、地元の代表からなり相互関係を仕切る、静岡市茶業組合のような共同組合も結成された。東京に本部を置く茶業組合中央会議所が設立され、全ての地方組合を管理統括し、日本茶の検査を指揮し、輸出取引を推進した。(当初 "Traders" という単語が茶業組合中央会議所の英称 "The Japan Central Tea Traders' Association" の中にあったが、その後外された。)「この規則における茶業者とは茶の製造

茶業組合中央会議所役員名簿

1884年	河瀬秀治, 大倉喜八郎, 丸尾文六, 中山元成, 大谷嘉兵衛, 山本龜太郎, 山西春根
85年	丸尾文六, 大谷嘉兵衛, 山本龜太郎, 山西春根, 宮本頼三
86年	同上
87年	丸尾文六, 大谷嘉兵衛, 山本龜太郎, 山西春根, 中山元成
88年	河瀬秀治, 大谷嘉兵衛, 山本龜太郎, 山西春根, 坂三郎, 小野儀三郎, 大倉喜八郎
89年	同上
90年	同上
91年	同上
92年	山本龜太郎, 大谷嘉兵衛, 丸尾文六
93年	大原重右衛門, 東利三郎
94年	大谷嘉兵衛, 山本龜太郎, 丸尾文六
95年	同上
96年	山本龜太郎, 大谷嘉兵衛, 丸尾文六, 相澤喜八郎, 坂三郎, 深山始三郎
97年	三橋四郎次
98年	大谷嘉兵衛, 山本龜太郎, 三橋四郎次, 相澤喜八郎, 坂三郎
99年	同上
1900年	大谷嘉兵衛, 山本龜太郎, 三橋四郎次, 相澤喜八郎, 坂三郎, 柿弥十郎
01年	同上
02年	大谷嘉兵衛, 山本龜太郎, 三橋四郎次, 相澤喜八郎, 坂三郎, 脇野喜郎
03年	同上
04年	大谷嘉兵衛, 山本龜太郎, 三橋四郎次, 相澤喜八郎, 坂三郎, 伊東熊夫
05年	同上
06年	大谷嘉兵衛, 山本龜太郎, 木下七郎, 大原重右衛門, 松浦五兵衛, 島津良知, 相澤喜八郎, 深瀬真一, 坂三郎, 伊東熊夫, 柿弥十郎
07年	同上
08年	大谷嘉兵衛, 山本龜太郎, 木下七郎, 相澤喜八郎, 坂三郎, 伊東熊夫

会計年度	会　頭	副会頭	理　事	職　員
1909	大谷嘉兵衛	相澤喜八郎	海野孝三郎	──
10	〃	〃	〃	西　巌
11	〃	〃	〃	〃
12	〃	〃	〃	〃
13	〃	〃	〃	〃
14	〃	〃	〃	〃
15	〃	尾崎伊兵衛	相澤喜八郎	〃
16	〃	〃	〃	〃
17	〃	〃	〃	〃
18	〃	〃	〃	〃
19	〃	〃	〃	〃
20	〃	〃	〃	〃
21	〃	〃	〃	〃
22	〃	〃	〃	〃
23	〃	〃	〃	加藤宅治，西郷昇三
24	〃	〃	〃	〃
25	〃	〃	〃	〃
26	〃	〃	〃	〃
27	松浦五兵衛	大原重右衛門	〃	〃
28	〃	〃	〃	〃
29	〃	粟谷喜八	三橋四郎次	〃
30	〃	〃	〃	〃
31	中村圓一郎	〃	〃	鳥居久作
32	〃	〃	〃	〃
33	〃	〃	〃	〃

又は取引に従事するあらゆる者，又は日本茶農園を所有及び茶生葉を販売するあらゆる者，並びに茶生葉又は製品の茶の仲買又は販売を行うあらゆる者の総称とする。そしてこれに関わる者全てはこの組合に加入しなくてはならない。」と，組合に加入することが義務づけられていた。茶業組合中央会議所の歴代役員は添付のリストの通りである。

茶業組合中央会議所の会頭及び「特販」の総裁であった故松浦五兵衛は日本の有力な政治家の一人であり，長年にわたり国会議員であった。彼は，日本茶産業だけでなく，鉄道

加藤宅治
1923-1930

西郷昇三
1923-1930

鳥居久作
1931-1934

茶業組合中央会議所職員　1923年〜

及び鉱業の会社にも出資していた。1927年彼は組合の会頭に選出され，その後長年にわたり組織の指導者であり活発に活動を行った。彼は1931年に亡くなった。

茶業組合中央会議所の会頭として松浦氏の後を継いだ中村圓一郎は，1867年静岡県の吉田村に生まれた。彼は，横浜茶貿易の先駆者である中村圓蔵の息子であった。彼は東京の専修大学を卒業し，父親の大規模な茶貿易および醬油醸造の事業を引き継いだ。中村氏はヨーロッパ及びアメリカの市場を二度（1度目は1899-1900年，2度目は1904年）訪れ，帰国後日本の日本茶貿易にとって貴重な助言を与えた。緑綬褒章に加えて1929年には勲六等瑞宝章を受けた。彼は貴族院の議員，静岡県茶業組合連合会議所会頭，特販日本茶振興会会長，静岡県再製茶業組長，静岡県茶商協会長，中村日本茶部門の社長，及び静岡第三十五銀行株式会社の頭取であった。

訳　注

1）**イギリス東インド会社**　1600年創設。貿易会社。1614（慶長19）年，平戸にイギリス商館を建設（慶元イギリス書翰24号）。本文は21年となっているが誤り。

2）**ペリー来航**　『日本茶貿易概観』（以下『概観』と表記）は以下のようにペリー来航を描写している。「横浜の会談中，ペリーは緑茶を喫し，『今後貴国と交易を開くとき，米国に輸出されるべき国産は実にこの日本茶であろう』と賞賛したという。はじめて琉球王に謁見したとき，固い菓子と薄茶と煙草の供応があった，と手記に残している。」現代の茶席での接待と同じであるのが興味深い。

3）**大浦慶**　後年になって，茶箱に隠れて上海まで行った」と上海の様子を語り，当時の幕府の禁令の中こっそり海外へ渡ったことを本人が告白している。

4）**ガンパウダー（珠茶）**　『日本における茶栽培と生産』を参照されたい。

5）**外国人居留地**　幕末の開港に伴い，開港場に渡来した外国人は「居留地」と呼ばれる一定地域内に限って，商館を建て，居住と営業が認められた。開港年に遅れること2年，1861（文久1）年の末，幕府によって居留地に「地番」が付された。

6）**直接航路**　太平洋汽船航路の開拓にともない，米国大陸鉄道が開通して，東西両岸の連絡距離が著しく短縮されたため，以前は英国を経ていたニューヨーク方面も，横浜から太平洋を直航，カルフォルニア港経由でロッキー山脈や中央広原を鉄道で横断することができるようになったため，アメリカへの直接交通の道が整った。

7）**アメリカの緑茶事情**　アメリカというと，珈琲または紅茶のイメージであるが，当時もアメリカ人は年間一人5,000gくらいの珈琲を消費し，それに対して茶（全種）は400g弱であった。このアメリカ茶市場を日本茶，中国茶，インド・セイロン茶がはげしく競合していたのである。緑茶のアメリカでの飲用は西部〜中・北部，東部に広がっていた。

ユーカースの来日時講演会記録によると，アメリカの緑茶人口は，「高年齢層の農民であり，若者は紅茶を好む傾向にあった。また，その緑茶の飲み方であるが，茶葉を湯に入れて煮立たせ，そこにミルクと砂糖を入れて，コーヒーのマグカップで飲用」していたという。

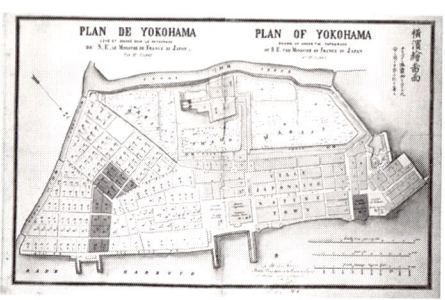

横浜外国人居留地地図，横浜開港資料館蔵

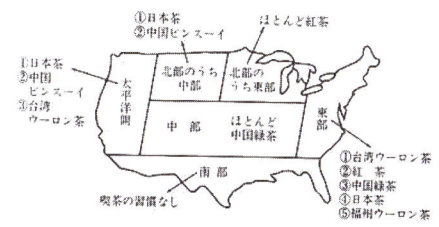

アメリカにおける茶の種類別引用分布
『戦前日本茶業史研究』147頁

また、19世紀から第一次大戦前までは、日本茶は輸出量2万トン程度（シェア40％前後）もあり、対して、インド・セイロン茶は19世紀末には2千トン足らずでシェア5％にも満たなかった。紅茶より緑茶の人気が高かったことが分かる。

8) **第一次世界大戦時の好景気**　1914（大正3）年に勃発した第一次世界大戦のため、インド・セイロン紅茶の労働者が徴兵され、その削減された生産量の茶をイギリス政府が軍需用に消費していた。そのため、アメリカ市場の競合茶であるインド・セイロン紅茶の輸出が減退し、日本茶がにわかに活気付いたのである。

また、中国の船も軍需物資の運搬を優先させており、中国茶にまで手がまわらなかった。そこで、大正4年静岡県再製茶業組合より「製茶輸送に関する陳情」が提出され、輸送船を対米製茶輸出に融通してもらうように手配した。これより飛躍的に輸送船が増加を示したため、これも日本茶が伸びた一因であったと考えられる。

9) **買弁**　商取引の中間機関というべき中国人のコンプラドル（俗にカンプと呼び、特殊の書記で商売の仲介人）が両者の間に介在しており、単なる仲介役以上の力を持っていた。もともと買弁制度は、中国の清朝から始まり、外国人貿易商の金銭の出納や中国人召使の雇い入れ、日常生活の世話などの役目をこなし、通訳兼秘書の役割を果たしていたため、外国貿易商は、中国からこの買弁たちを伴って横浜に来航してきたのである。

当時、日本の茶売込商はやり手の買弁に苦しめられていたようで、茶の取引において売手と買手の立場は決して対等ではなく、商館側の横暴はときに目に余るものがあった。たとえば量目検査の際には、あらゆる方法で量目のごまかしを行ったそうである。明治20年代になると、再製工場も中国人買弁らが取締り、女工は買弁に虐使され、灼熱地獄の中、過酷

横浜外国商館の買弁室　『横浜開港見聞誌』より
橋本玉蘭斎作、五雲亭貞秀画、1862年
静岡県立中央図書館蔵

な労役に卒倒者がでると、井戸端へ引きずり出して、頭からザブザブ水をかけ、気がつくまで放置すると『概観』にある。

10) **鉛を張った輸出用茶箱**　『茶業通鑑』の「茶箱製造荷造及装箱法」に「箱に鉛皮を巻き合わせ、つぎ目に蝋着けし、底は四方を下って中に鉛皮の小片を入れて蝋着けし、薄紙でことごとく張り、茶箱内にいれる」とあり、下図がある。

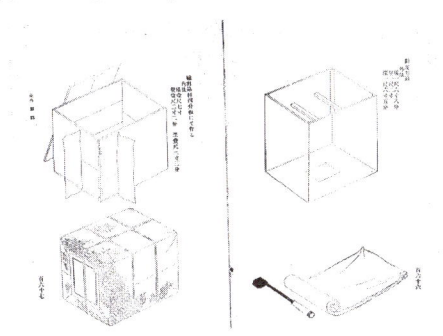

鉛貼りの茶箱　『茶業通鑑』167頁

『概観』にもこの事情は詳しく書いてある。海外郵送の木箱は、始めは新箱が間に合わず、しかたなく古箱で送ったのであるが、何等の変質を見なかった。その後、やっと新箱が間に合い、それを使用したところ、かえって変質してしまったのだ。そこで、乾燥充分の古箱のほうが輸送用に適していると考えられた。

明治44年の着色茶禁止からしばらくして、米国が鉛使用を禁止し、日本輸出箱の中張りはアルミニウムかその他の防湿素材に変えられた。

日本の茶貿易史

11) **再製茶**　輸出向きに，荒茶を火入れ乾燥などして精製仕上げした煎茶。再製作業をほどこさないとカビが生じやすい。開港当初は，国内に再製工場がなかったため，横浜から上海へ送り，再製作業をしてアメリカへ輸送していた。文久2（1862）年より居留地の外国商が再製場を設けて，中国人を上海から呼び寄せて管理させた。

12) **クリッパー船**　1830年頃から汽船が発達するまで，活躍した快速帆船。1812年，軍事用に米国のボルティモアで建造されたのが始めといわれている。特に中国茶をヨーロッパに運んでいた船は「ティークリッパー」と呼ばれていた。*ALL ABOUT TEA* では，Vol. 1 第7章全てを使ってこのクリッパー船について述べている。中国では新茶シーズンになるとスピードレースが行われ，その模様が絵画や詩に描かれている。

英国船ティークリッパー「ランスロット号」
J. Spurling 画，1864年
ALL ABOUT TEA，vol. 1, 97頁

13) **駿府店と小川伝右衛門**　『概観』に，特に静岡出の「駿河店」というものが伊勢の茶商と共に非常に巾を利かして居たとあり，その中に，駿河屋茂兵衛の組，小川太兵衛：土太夫出身（現静岡市内）……などの名前が列挙されているが，小川伝右衛門の名前は見られない。小川太兵衛との混同かと思われる。

江戸時代の運搬用茶壺
島田市お茶の郷博物館蔵

14) **ポーセレンファイヤード**　"porcelain fired" といっても陶磁の壺に入れ火入れしたものではない。開港当初，宇治の「蒸し煎茶」のような乾燥十分の茶は壺などに入れ輸出されたので，「ポーセレンファイヤード」と区別され呼ばれるようになった。壺自体に防湿加工がされていたのではなく，中に入っていた茶の品質が茶箱入りの茶に比べ高かったのである。もともと江戸時代には国内での輸送用に大きな壺が使われていた。

下の写真は，明治33年フランスパリの万国博覧会の日本茶の展示。人間の大きさに対比して考えると，このような大きい壺が輸出に使われたと想像できる。写真は茶壺飾りの口覆の布地と口緒という飾り紐が掛けられている。

パリの万国博覧会で展示された茶壺
『日本茶業史』より

15) **茶箱（チェストとボックス）**　当時の輸出用茶箱は大小の2種，チェスト（27〜41kg入）とボックス（2〜18kg入）があった。

1862（文久2）年頃から，中国の輸出方法と同じ習慣が取り入れられ，茶箱に「蘭字」と呼ばれる木版ラベルを貼り付けたものが流通するようになる。中国から輸入したアンペラで茶箱をくるみ，籐，麻縄などで縛り，その上に「蘭字」を張る。

『蘭字』より

「蘭字」には花鳥，人物，風景，モノグラムなどに，茶の種類，輸入元と数量等が印刷されている。

［蘭字］より

16）　**茶葉の着色**　中国人が秘伝の方法を持ち込むまでは，日本に着色，粉飾というものは存在しなかったと『日本茶業史』にある。しかし，一旦その概念が持ち込まれると，日本中に広まり，明治末まで釜茶，籠茶など全ての輸出茶が着色せられ，着色していないものはわざわざ "Pan fired uncolored" と銘うつほどであった。着色料には，紺青（『概観』に記載），カテキュー（樹木から取れる赤褐色から黒色の物質）や黒鉛（『日本茶業史』）などがあり，茶の再製の際にこれらの着色料を調合したものを加え，加熱，攪拌，摩擦し，茶葉に光沢と濃い緑色を付与した。1884（明治17）年発布の茶業組合準則に「着色茶等不正ノ茶ハ売買セザル事」の一文が盛り込まれたがあまり効果はなかった。その後アメリカの1911年「着色茶輸入禁止令」を受け農商務省が全国的に厳重な取締りを行った結果，日本の輸出茶はアメリカ，カナダの市場において多大の信用を得た。

17）　**サン・ドライド**　日干しして乾燥させた茶「日乾茶」と意味を取りがちだが，市場では注16の "Pan fired uncolored" の名の長さを避け，無着色茶が "Sun dry" "Sun-dried" と呼ばれるようになった。よって本文中の「サン・ドライド」は本色茶を指す。

18）　**茶の粉塵の投棄**　『概観』よれば，本文にあるように利用の道がないだけでなく，着色や粉飾の技法は極秘であり，粉塵などの廃棄物から情報の流出を防ぐために，海への投棄により隠滅を行ったと書かれている。茶の粉塵については，「日本における栽培と生産」でも言及されている。

19）　**佐久間茶**　原文では "sakura of shizuoka" とある。"sakuma"（佐久間）の誤記と判断した。佐久間は天竜川流域の一地域。静岡の茶所は本山茶・安倍川，川根茶・大井川，と河川の流域に存在し，ここでいう静岡の茶産地は佐久間地域であると推測した。

20）　**東部の八王子**　本文には "Hachioji produced in the eastern district of Tokyo" とあるが，東京西部の誤り。また，「日本における栽培と生産」注1を参照されたい。

21）　**熊本県人吉**　原文には "yoshihito" と書かれているが，『日本茶業史』，『概観』など多くの書籍に「人吉」とあるため，誤記と判断した。

22）　**野村一郎の籠茶**　野村一郎の茶はその味の良さから，「天下一」と呼ばれるようになり，日本茶を愛用する外国人らは，この茶の形状から「スパイダーレッグス（蜘蛛の足）」と呼んでいたという。『概観』には，当時静岡で活躍したグローという人物の話を紹介している。「今から30年前の明治36年頃，1ポンド19銭5厘の籠茶を手に入れたが，その味が何ともいわれぬ程よかった。それから30年間も，それと同じような籠茶を欲しいと思い苦心して探すがどうしても手に入らない」（要約）と非常に残念がっていたという。天下一という籠茶は，当時としてはとても味の良いものであったらしい。

23）　**紅茶会社の統合**　『日本茶業史』によれば，すべての紅茶会社が統合されたのではなく，高知，熊本，福岡の紅茶会社が合併して組織したと書かれている。

24）　**茶業集談会**　製茶共進会の会期中に5日間に渡り開かれた，全国の主な生産者が一堂に会した会議。当時，製法が全国で統一されておらず，未だ旧式の製法しか知らない地域もあるなど，技術進度に差が大きく，この5日間で様々な意見交換がされた。

25）　**「贋茶禁止条例」**（1883年3月可決公布）「贋茶・粗悪茶」とは茶葉の中に柳，桑，枸杞など異物，極端な例では土砂を混入してかさを増やした茶，あるいは天日で乾燥させた日乾茶など，粗悪な原料や粗悪な製造方法によって出来た品質の悪い茶を指す。アメリカの「贋茶禁止条例」によって，日本茶輸出の最大の市場を失うことを恐れた茶業界は，1883年9月の製茶集談会において，「茶業組合準則」を政府に建議，組合設立のきっかけとなった。

26）　**茶業組合中央本部から茶業組合中央会議所へ**

本文のように，各地の茶業組合をまとめる形で出来た茶業組合中央本部であったが，茶業組合準則に贋茶・粗悪茶に対する制裁力がなかったため，本部の幹事長大倉喜八郎は農商務大臣に対し，「茶業組合準則」の強化を求める請願を行った。その結果「準則」に代わって「茶業組合規則」が発布され，1888年4月から茶業組合中央本部 "the Japan Central Tea Traders Association" 改め茶業組合中央会議所 "the Japan Central Tea association" として新しく出発することになった。

27) **にわか景気**　清仏戦争により，茶の有力な輸出国であった中国で輸出用の大型船が戦時徴用され，輸出量が激減したのが背景にある。

28) **シカゴ万博**　コロンブスのいわゆる「アメリカ発見」400年を記念して行われたシカゴの万博は，1892年に予定されていたが，実際に開幕したのは1893年の5月1日からであった。日本は農業館のなかで，茶の飾りつけは大竹柱を立て，西陣織の黒地に鳳凰を縫い取った幕を張り巡らし，正面には「静岡県茶」と染め出したちりめん旗を交差させた。また，日本茶の額を掛け，最上の台には茶樹の盆栽を飾り，その下には茶の瓶詰めを富士山形に飾りつけた。米国人は茶樹を珍しがり，茶の陳列は館内で大いに人気を集めることになった。

29) **喫茶庭園**　英国で人気のあった形態で，広い庭園内で茶を楽しむことが出来た。

30) **日本茶業会**　内部でのいざこざのために頓挫した日本製茶会社の精神再現を目的として，前田，大谷ら巨頭を中心とする有志で結成された。有志間での設立のため経費が問題になったが，日本製茶会社の二の舞を防ぐため外からの援助を求めるわけにもいかず，前田が愛蔵の名刀をポンと放り出して「これを金にせい」と申し出たところ，関連業者一同これに動かされ，争って寄付を申し出た，というエピソードが『概観』に載せられている。

31) **Ah Ows 氏**　原文には "Mr. Ah Ows" とあるが，概観は該当人物名を鄭岐川としている。中国語訳 ALL ABOUT TEA においても Ah Ows 表記のため，原文記載。

32) **年間助成金**　年間7万円を7年間受けるため，総計で49万円を手に入れたことになる。先に掲げた日本製茶会社が解散した折，大谷氏は20万円の政府補助を返納したが，この総額49万円の助成を受けて大谷氏は，再びわが茶業界に帰ってきた，と大変喜んだという。

33) **清水港開港までの道のり**　幕末から明治中期にかけ静岡－横浜間の輸送は，清水港の回漕業者が引き受けていたが，1889（明治22）年に東海道線が開通すると，茶の輸送を鉄道に奪われ，業者は廃業寸前に追い込まれる。そこで清水町の有志11人が清水港を特別貿易港（横浜，神戸，長崎，新潟，札幌の五港の開港場以外に，米，麦，麦粉，石炭，硫黄の5品目に限り外国との貿易のできる港）にしようと帝国議会に請願を行うが受け入れられず，1896年やっと清水港が特別貿易港に指定された。さらに1897年清水の回漕業者鈴木与平（鈴与の創業者）らが，茶の生産量の多くを占める静岡において直輸出の出来る貿易港がないのは「国家ノ一大恨事」と，開港外貿易港から開港場への昇格を求め，1899（明治32）年8月清水港が開港場に指定された。実際に対外貿易が始まるのは，1900年からである。しかし，当時の輸出量は年間100〜200tと振るわなかった。そこで地元の茶業者たちは静岡に再製工場をいくつも設立し始め，それにならって外国商も事務所や工場を静岡に移転，あるいは新たに設立した。すると他県の茶も再製のため静岡に集められるようになり，静岡は輸出茶の一大拠点となった。その結果，十分な輸出量を確保できるようになり，難航していた船舶業者との交渉もまとまり，1906（明治39）年5月13日，「神奈川丸」が清水港に入港，清水港で初めて茶の直輸出が行われた。

34) **四日市港開港**　清水港は，日露戦争にともない軍事港としての役割が強くなっていたため，新たな輸出港が必要だったのである。

35) 水谷商会，W・I・スミス商会，J・H・ピーターソン商会，バークレイ商会の事務所設立年は同年ではない。

36) **磚茶**（だんちゃ，たんちゃとも）

ALL ABOUT TEA，vol. 2, 98頁

本の厚み程度の板状に蒸気の圧力で固めた茶葉。磚はレンガの意味で，磚茶はレンガ状に固めた緊圧茶のことを言う。微生物発酵を行って作られる中国茶

の黒茶にはさまざまな種類の緊圧茶があり，おもにチベット自治区・青海・内モンゴルや新疆ウイグル自治区などで消費される。磚茶には図のようにさまざまな模様や文字を押してある工芸的なものもある。戦前日本はモンゴルなどに対して緑磚茶の輸出も行っていた。

37) **戦時中の船舶の状況** 第一次世界大戦やロシア革命によって，日本の茶業界は対外的にはアメリカの輸入茶に対する戦時税，対内的には船会社の運賃引き上げという2つの脅威に晒された。大正6年の一番茶開始前の3月下旬，日本郵船，大阪商船，東洋汽船の3社は戦時船躁の困難を理由として積載15,900 t 以上は不可能であるとの通知を発した。大正5年度の3社の積載量は28,550 t であったので，前年の半分ほどしか輸出できなくなる。そのため輸出茶業者は1 t あたり6ドルであった運賃を，通常は1 t 7ドル50セント，臨時船には1 t 26ドル40セントと平均18ドル払うことによって輸出を可能にした。しかし香港－アメリカ間の運賃1 t 70ドルから比べれば半額以下で，日本茶はそれでも中国茶やインド茶に比べはるかに有利な立場にいた。

38) **戦時中の原価高騰の影響** 第一次世界大戦の影響により日本の物価自体が高騰し，生産費は大正5，6，7年と年を追って増加し輸出価格は跳ね上がった。そのため品質よりも価格に重点を置き，機械製茶に走ることになる。その結果小製造農家が減少し，機械製造と生葉売との分業的傾向が著しくなった。以上の傾向から茶園は荒廃し品質は低下，第一次世界大戦後の輸出茶の大幅な減少につながることになる。

39) **戦後の輸出茶の激減** 第一次世界大戦後，日本茶の輸出は大幅に減少した。大正10年の茶業中央会議では，日本茶の輸出の不振を以下のように分析して対策を応じた。

① 他動的原因－アメリカの紅茶消費 1900年代からアメリカでのインド・セイロン紅茶の消費が増えている。

一時期，第一次世界大戦の影響によって，インド紅茶の輸入は妨げられ日本茶の輸出は伸びた。しかし大戦終了によって，その間ストックされていた紅茶がいっきにアメリカ市場に流れ込んで日本茶を凌駕することになる。

② 自動的原因－日本茶の品質低下，価格上昇
第一次世界大戦によって日本茶の品質は低下した。粗悪茶の問題は明治初期からあったが，ここにきて粗悪茶の問題は輸出量の低下に結びついた。大正7年アメリカは「木茎混入茶輸入防止法」を制定し，大正11年にはカーター・メイシー商会の輸出した釜茶250箱が，アメリカ農商務省にて木茎過多として輸入拒否にあうなど日本茶の輸入拒絶が相次ぐ。また戦後の経済の混乱によって，日本茶の品質は悪くても価格は高いままであり，『悪かろう安かろう』から『悪かろう高かろう』との評判に変わった。

②の対策に関して，農商務省は大正13年（1924）に「茶業ノ振興ニ関シ今後特ニ注意スベキ事項要綱」を茶業関係者に発布して粗悪茶の取締りを強化するとともに，茶園の改善，機械製茶法の改善などを行った。①の対策に関してはこの ALL ABOUT TEA の著者，ウィリアム・H・ユーカースの影響が多分にある。1924年ユーカース来日の際，彼は講演においてアメリカにおけるインド・セイロン紅茶の進出，日本茶の広告不足を指摘し，その結果翌1925年（大正14年）には静岡県茶業組合総合会議所と茶業組合中央会議所の協力によって「日本緑茶販路拡張連合特別委員会」が設置された。そして資金の捻出，広告の方法等が話し合われ，次の年には初めて日本茶の新聞広告がアメリカ人の前に登場した。

40) **大谷嘉兵衛** 大谷氏の生前建てられた静岡の清水公園，横浜の宮崎町にある銅像は太平洋戦争による金属の供出で取り去られてしまった。しかし戦後静岡は昭和40年氏の胸像を，横浜は昭和20年「大谷嘉兵衛翁顕彰燈籠」を建て復元をした。静岡の大谷翁像の建立の際に，大谷氏は建立に感激して巨額の私財を投じて園地の買収整地を行って市に寄付し，清水公園が誕生したという経緯がある。ユーカースは来日の際にここを訪れ，本文中の大谷氏の銅像を後ろに記念撮影をしている。

清水公園の大谷氏胸像

41) **マッケンジー氏** マッケンジー氏は1918（大正7）年夫人のエミリー・マッケンジーと共に来

日，以降日本茶輸出の拡大と静岡茶業界の発展に貢献した。戦時中一時アメリカに帰国し，1948（昭和23）年再来日。マッケンジー氏が1951年に亡くなった後も，エミリー夫人は静岡県赤十字奉仕団顧問を務め，また社会福祉法人エミリーを設立するなど，静岡市社会福祉事業に献身的に協力した。夫人は1959年静岡市名誉市民第1号となり，1972年には勲三等瑞宝章を受章した。

夫婦は富士山を愛し，富士山のよく見える静岡市高松に洋館を建て住んだが，現在その洋館は登録有形文化財となり「マッケンジー邸」として一般に公開されている。

現在のマッケンジー邸

（市川　奈々）

日本の茶貿易年表

(単位：トン)

西暦	和暦	茶総輸出	西暦	和暦	茶総輸出	西暦	和暦	茶総輸出
1853	嘉永 6	0	1881	明治14	17,318	1909	明治42	18,445
54	安政元	0	82	15	16,981	10	43	19,768
55	2	0	83	16	16,716	11	44	19,312
56	3	0	84	17	16,113	12	大正元	17,896
57	4	0	85	18	18,560	13	2	15,312
58	5	0	86	19	21,560	14	3	17,770
59	6	240	87	20	21,367	15	4	20,393
60	万延元	720	88	21	19,901	16	5	23,006
61	文久元	1,836	89	22	10,402	17	6	30,102
62	2	3,924	90	23	22,350	18	7	23,143
63	3	3,036	91	24	23,955	19	8	13,921
64	元治元	3,180	92	25	22,511	20	9	11,897
65	慶応元	4,782	93	26	21,866	21	10	7,138
66	2	4,716	94	27	22,526	22	11	13,117
67	3	5,970	95	28	23,296	23	12	12,312
68	明治元	6,069	96	29	19,944	24	13	10,816
69	2	5,157	97	30	19,580	25	14	12,619
70	3	7,389	98	31	18,496	26	昭和元	10,784
71	4	8,440	99	32	20,839	27	2	10,570
72	5	8,841	1900	33	19,344	28	3	10,802
73	6	8,004	01	34	19,949	29	4	10,731
74	7	11,477	02	35	19,655	30	5	9,215
75	8	12,767	03	36	21,708	31	6	11,526
76	9	12,136	04	37	21,368	32	7	13,396
77	10	12,431	05	38	17,493	33	8	13,373
78	11	13,055	06	39	17,413	34	9	14,410
79	12	17,161	07	40	18,410	1935	昭和10	16,801
80	13	18,197	08	41	15,998			

出典）『日本茶輸出百年史』pp.527-29より（数量は斤をトンに換算）

関連事項

1853	嘉永 6	ペリー来航,長崎港で大浦慶が初の茶貿易を行う	1893	明治26	シカゴのコロンブス万博開催，日本茶を展示
58	安政 5	修好通商条約	99	32	清水港開港
59	6	横浜港開港	1904	37	四日市港開港
62	文久 2	横浜に製茶工場,中国の着色法が伝わる	21	大正10	米国，日本茶木茎問題が起こる
68	明治元	神戸港開港	22	11	米国「木茎混入茶輸入防止法」制定
69	2	静岡県牧之原大茶園開墾が始まる	23	12	関東大震災
75	8	紅茶の製造始まる	24	13	ユーカース来日
79	12	シドニー万国博覧会開催	25	14	「日本緑茶販路拡張総合特別委員会」設立，ユーカース再来日
83	16	米国「贋茶禁止条例」公布			
84	17	中央茶業組合本部設立	1935	昭和10	ALL ABOUT TEA 刊行
88	21	中央茶業組合本部改め,茶業組合中央会議所設立			

日本の茶貿易年表

茶業に関わった主な人物

大浦 慶	1828-1884	1828年（文政11），大きな油問屋の娘として生まれるが，幕末の社会不安などで家が傾き，その再興のため，祖先も試みた海外貿易に興味を持った。茶貿易で巨額の富を得た慶夫人は，豪快な女性で，幕末の志士，坂本竜馬・大隈重信・松方正義・陸奥宗光らと交流があったと言い伝えられている。また，結婚初夜にして婿に商才がないことを見抜くと，すぐに離婚した。晩年は不幸で，遠山事件（保証人となった詐欺取引事件で訴訟され巨額の賠償金を支払わされた）を機に，汚名をきされたままで大浦家は没落。明治17年54歳で物故したが，その危篤状態の中，最後に彼女の茶貿易の功績を賞すべきだと動きが出て，死に至る一週間前に，農務卿から茶業功務者として表彰された。
野崎久治郎	?-1877	野崎久治郎は，貿易初期に買弁によって苦しめられていた日本の茶商人たちの指導役であり，まず彼が見本を抱えて商館に入り，その手合わせ（契約成立）をするのを見てはじめて他の日本商人も取引を行うという形であった。後にこの労を称して横浜野毛山に記念碑が建てられた。
野村一郎	1832-1879	富士郡西比奈（富士市）の名主。防潮堤の建設や堤防の改修など公共事業貢献者として知られている。また設立した製茶工場において，籠茶の製法が考案され，新製法の普及に努力したが，若くして病没した。
丸尾文六	1832-1896	1870年私財を投じて牧之原開墾事業に尽力，牧之原茶業の基礎を確立した。また，1876年有信社を興し直輸出を始め，1884年静岡県茶業組合取締所総括，1885年静岡県製茶直輸会社取締役。1892年以来衆議院議員3回当選するなど，政治家としても活躍した。
高林謙三	1832-1901	埼玉出身の，元は幕末の開業医であったが，茶の輸出振興の重要性を認識し，自ら茶業に携わった。機械製茶の研究に取り組み，数多くの製茶機を改良発案。特に1897年には粗柔機を完成させ，製茶の機械化に大躍進をもたらした。
益田 孝	1848-1938	実業家。三井財閥の形成者である。1909年三井合名会社を設立し理事長となり，銀行，物産，高山を株式会社化した。
坂 三郎	1846-1921	代々問屋業を営む。1863年以降茶樹栽培製造を行い，伝習会，集談会等を開いて静岡に近江や山城の栽培方法を伝えた。また1876年江原素六，依田治作とともに積信社を設立，アメリカへの直輸出を試み，1880年には輸出量120トン以上にも達した。1886年横浜製茶検査所長，茶業組合中央会議所議員となり，1896年緑綬褒章を受章。
大谷嘉平衛	1844-1933	弘化元年（1844）伊勢生まれ。茶業を志し，横浜開港の三年後，文久2年4月（1859）18歳のときに横浜に向かう。開港間もない横浜港で，叔父の小倉藤兵衛の製茶売入問屋「伊勢屋」を手伝う。その後「伊勢屋」を辞め，慶応3年（1867）スミス・ベーカー商会に製茶買入方として雇われた。ここで彼は成功を収め相当の報酬を受け，それを資本として明治元年（1868）自身の製茶売入業を開いた。スミス・ベーカー商会と自身の製茶売入業両方を成功させ，製茶貿易

ALL ABOUT TEA

		界における第一人者として敬意を払われた。明治10年粗悪茶の問題が起こると，同業同志と共に明治11年茶協同組合を創設して粗製茶の防止に努めた。明治24年には中央会議所議長となる。茶業関係以外でも活躍し，横浜商業会議所を設立し30年には会頭の職に就くという他にもさまざまな団体，組合の設立，運営に携わった。明治32年アメリカに渡り第一回万国商業大会に日本代表として参加し，当時の合衆国大統領であるマッキンレーに直接会って米国製茶関税廃止を陳情する。また大会に於いては「太平洋海底電線」の敷設を建議し，参加者の万雷の拍手を受ける。明治40年勲三等に叙せられ貴族議員となる。その他茶業界のみならず商業，産業や教育事業にも通じて活躍した。昭和8年90歳の長寿で惜しまれながらも亡くなった。
原崎源作	1858-1946	静岡県相良町に生まれる。1880年横浜の謙光社に入社。自身の富士製茶設立後は，再製機械の発明や，静岡県再製茶業組合の常務委員となるなど，静岡輸出茶の先駆者として活躍した。
中村圓一郎	1867-1945	榛原郡青柳村に生まれ，醤油醸造業を営む傍ら，静岡茶の振興に尽くした。また，静岡大井川鉄道の敷設に奔走し，初代社長を務めた。
D. J. マッケンジー	?-1951	アーウィン・ハリソン・ホィットニー商会の日本茶買付担当として，1918年エミリー夫人を連れ来日。以降日本－アメリカ間を往復すること50回以上，また，当時静岡県茶業組合会頭であった中村円一郎と共に，静岡のアメリカ商会をまとめ「日本茶輸出業者協会」を設立しその会長となるなど，日本茶貿易及び静岡茶の発展に尽力した。「日米に戦争なし」と大変な親日家でもあった彼だが，太平洋戦争が勃発し，帰国命令を無視し続けていたが結局最終の日米交換船に便乗し日本を離れた。戦後再来日するや否や，まずは故中村圓一郎の墓を訪れた。それはマッケンジー夫妻が静岡市高松の自宅に軟禁されていたとき，中村氏が食料を密かに運び，憲兵隊ににらまれても夫妻をかばった恩義を忘れないでいたからである。
松浦五兵衛	1870-1931	政治家。1896年小笠郡会議員，1899年静岡県会議員，1902年衆議院議員になり，以降当選9回，1925年には衆議院副議長になる。静岡県農業会長，静岡県茶業組合会議所会頭等の団体の要職にあり，1915年勲四等瑞宝章，1919年旭日小紋章を受章。

茶業に関わった主な人物

主な茶貿易商会

商会名	営業期間	活動内容
ジャーディン・マセソン商会	1832-1921	横浜港の最初の外国商館は居留地1番にできたイギリスのジャーディン・マセソン商会で通称「英一番」と呼ばれた。同商会は当時東アジア最大の貿易会社で、香港、上海を拠点にイギリスの対中国貿易を牛耳っていた。主要業務は生糸、茶、海産物などの輸出と砂糖の輸入であった。静岡には明治41年（1908）から業務を開始している。静岡に大きな再製工場を持つほどであったが、大正10年（1921）に茶業を廃業している。
スミス・ベーカー商会	1860-1907	横浜開港初期から日本で茶輸出を行ったアメリカの輸出会社のひとつ（「日本茶貿易概観」によると、同社の横浜再製所の建設は開港の一年後（1860））。慶応3年（1867）には製茶貿易は極めて盛況で、スミス・ベーカー商会は横浜最大の製茶輸出企業であった。当時製茶買入方として雇った大谷嘉兵衛氏を関西方面に派遣し、山城、近江、大和などの産地から420トンも買い取って輸出した。この取引によってスミス・ベーカー商会は巨利を得、大谷氏自身も自ら茶の売込み商を開始した。明治40年（1907）に茶輸出部門がオーティス・プール商会に継承される。会社自体は、カーター・メイシー商会に合併される1916年まで存続した。
シキユルトライス商会	1861-1874	Shrutz, Reis両名ともにドイツ人だが、ドイツ帝国成立以前なので前者はアメリカ、後者はオランダの保護下で来日し、商会はオランダの保護下で設立されたようである。
ウォルシュ・ホール商会	1862-1902	ウォルシュ兄弟はニューヨーク出身。弟のジョンが開港直後、長崎にウォルシュ商会を設立。横浜では兄のトーマスがフランシス・ホールと組んで1862年にウォルシュ・ホール商会を設立。居留地の2番地に位置するが、日本人には「国籍別商館番号」である「アメリカ一番」の名前で知られていた。184番に再製工場を持っていた。後に神戸製紙所（後の三菱製紙）を設立。洋紙製造の先駆者でもある。1902年に清算。
ヘリヤ商会	1875-	1941年太平洋戦争のため、ヘリヤ商会の日本資産は政府による敵産管理となり、業務が停止される。終戦後47年資産が返却され、49年ウォルター・ヘリヤ氏によって業務が再開される。72年5代目フィリップ・ヘリヤの死去により日本支店は日本法人として独立、アメリカ法人はグリニッジミルズ（コーヒー業者）に吸収される。現在ヘリヤ商会は、ヘリヤ家のハウスコックをしていた谷本氏の息子谷本勇氏のもとで、茶専門貿易会社として中国茶の輸入、日本茶の輸出に従事している。 　協力　ヘリヤ商会代表取締役・谷本勇氏
カーター・メイシー商会	1897-1926	明治30年（1897）横浜に創業。大正1年（1912）から静岡で営業を開始、大正6年（1917）にはカーター・メイシー商会を改称しメイシー商会に。しかし第一次世界大戦後の日本茶

		の輸出不振によって，昭和元年（1926）ごろに，オーティス・プール商会やゴットリーブ商会などその他の茶輸出商会とともに廃業を余儀なくされる。
富士製茶	1888–	富士製茶株式会社は現在，創業者原崎源作氏の孫にあたる原崎和夫氏の下で，国内流通用の製茶業，卸売業に携わっている。輸出は現在行っていない。昭和5年（1930）の昭和天皇の静岡茶業視察の際には，富士製茶は国内製茶輸出企業を代表して行幸を受けた。
MJB商会	1893–	現在エム・ジェイ・ビー商会は販売をエム・ジェイ・ビー株式会社（昭和37年創業），製造をエム・ジェイ・ビー・コーヒー株式会社と名を変え，コーヒーの卸売業に従事している。エム・ジェイ・ビーはアメリカのコーヒーブランドMJBの日本における現地法人である。ちなみにアメリカのMJBは，現在グローバル企業サラ・リーコーポレーション（ヘインズやチャンピオンでおなじみ）の飲料ブランドの一つになっている。
フレイザー・ファーレイ＆ヴァーナム	1883–1899	1899年解散し，ヴァーナム・アーノルド（Varnum & Arnould）に継承される。
アーウィン・ハリソンス・ホイットニー商会	1924–	現在では（有）アウィン商会として，静岡で茶の輸出等に従事している。

主な茶貿易商会

参考文献一覧

日本の茶道

静，均編『祖堂集』952年（古賀英彦『訳注祖堂集』花園大学国際禅学研究会，2003年）
宣慈禅師道原編『景徳伝灯録』三十巻，1004年（入矢義高『県徳伝灯録三』禅文化研究所，1993）
無門慧開編『無門関』1183-1260年（山田無文，高橋新吉『無門関』法蔵館，1978）
近松茂短編『茶窓間話』1719年
狩野宗朴『茶道早学』鹿田静七，1883年
狩野宗朴『抹茶獨稽古　茶の湯概則』鹿田静七，1884年
Edward S. Morse, *Japanese Homes and Their Surroundings*, 1886
Josiah Conder, *The flowers of Japan and the Art of Floral Arrangement*, Hakubunsha, 1891
中村浅吉『千家正流茶の湯客の心得』1893年
W. Harding Smith, Cha-no-Yu（ロンドン日本協会紀要5巻第1部），1900
Henry L. Joly, *Legend In Japanese Art*, 1908
鈴木大拙 *Essays in Zen Buddhism*, 1927
Herbert H. Gowen. *Outline History Of Japan*," D. D. G. R. G. S", 1927
A. L. Sadoler, *CHA NO YU*, Charles E. Tuttle Company, 1933
『茶道全集』全十五巻　創元社，1937年
岡倉覚三『茶の本』（村岡博訳）岩波文庫，1961年
桑田忠親『茶道の逸話』東京堂出版，1967年
鈴木宗保『裏千家茶の湯　新独習シリーズ』主婦の友社，1971年
『ふるさと百話』4・5　静岡新聞社，1972年
熊倉功夫『南方録を読む』淡交社，1976年
林屋辰三郎『図説茶道史』淡交社，1980年
井口海仙他『原色茶道大辞典』淡交社，1980年
森富夫『詳説茶花図譜』八坂書房，1980年
井伊直弼『茶湯一会集　全』井伊家資料保存会，1981年
桑田忠親『千利休』中央公論社中公新書，1981年
筒井紘一『茶人の逸話』淡交社，1984年
長尾雅人『維摩経を読む』岩波セミナーブックス，1986年
筒井紘一『茶湯事始』講談社，1986年
千宗左『定本　茶の湯　表千家』上下，主婦の友社，1986年
『利休大事典』　淡交社，1989年

林屋辰三郎ほか編『角川茶道大事典』角川書店，1990年
加藤唐九郎編『原色陶器大辞典』淡交社，1990年
国史大辞典編集委員会『国史大事典』吉川弘文館，1992-1997年
岡倉天心『茶の本』（桶谷秀昭訳）講談社講談社学術文庫，1994年
岡倉天心『茶の本』（立木智子訳）淡交社，1994年
『茶道古典全集』全十二巻　淡交社，1997年
立木智子『茶の本鑑賞』淡交社，1998年
谷畑昭夫『茶話指月集を読む』淡交社，2002年
筒井紘一『茶書の研究』淡交社，2003年
村井康彦『千利休』講談社学術文庫，2004年
吉野白雲監修『茶窓間話　現代語で読む』日本茶道塾，2004年
張建立『茶道と茶の湯』淡交社，2004年
千宗室監修『茶道学大系』全十一巻，淡交社，2004年
西山松之助編「茶の湯」第378号，茶の湯同好会，2005年

日本における栽培と生産

静岡県立農事試験場茶業部『茶業要覧静岡県立農事試験場茶業部』1908年
塚野文之輔『日本茶業史』茶業組合中央会議所，1914年
榛原郡茶業組合『静岡県榛原郡茶業史』榛原郡茶業組合，1918年
静岡県茶業組合連合会議所『静岡県茶業史』静岡県茶業組合連合会議所，1926年
安達披早吉『京都府茶業史』京都府茶業組合連合会議所，1934年
静岡県茶業倶楽部『茶業便覧』静岡県茶業倶楽部，1935年
加藤徳三郎『日本茶貿易概観』茶業組合中央会議所，1935年
静岡県茶業組合連合会議所『静岡県茶業史　続編』静岡県茶業組合連合会議所，1937年
河原退蔵『静岡県再製茶業史』静岡県再製茶業組合，1942年
静岡県茶業連合会『茶業寶典』静岡県茶業連合会，1953年
日本茶輸出百年史編纂委員会『日本茶輸出百年史』日本茶輸出組合，1959年
静岡県茶業会議所『新茶業全書』静岡県茶業会議所，1966年
曽根俊一『新手揉製茶法解説』静岡県茶手揉保存会，1977年
加藤博監修／足立東平・曽根俊一編『茶業ミニ事典』静岡県茶手揉保存会，1978年
南川仁博・刑部勝『茶樹の害虫』日本植物防疫協会，1979年
寺本益英『戦前期日本茶業史研究』有斐閣，1999年
森薗市二『お茶の唄々』お茶の郷博物館叢書①，2001年
佐藤仁彦・山下修一・本間保男『植物病害虫の事典』朝倉書店，2001年
高野實・谷本陽蔵・富田勲・岩浅潔・中川致之・寺本益英・山田新市『新訂　緑茶の辞典』柴田書店，2002年
農文協『原色作物病害虫百科（第2版）3　チャ・コンニャク・タバコ他』農山漁村文化協会，2005年

日本の茶貿易史

村山鎭『茶業通鑑』有隣堂，1900年
茶業組合中央会議所『日本茶業史』茶業組合中央会議所，1914年
日比野賢一『茶業の静岡市』三成社，1918年
瀧恭三編『静岡県茶業史』静岡県茶業組合連合事務所，1926年
小笠郡茶業組合『小笠郡茶業史』小笠郡茶業組合，1926年
静岡県再製茶業組合『静岡県再製茶業組合略史』1929年
茂出木源太郎『大谷嘉兵衛翁伝』頌徳会，1931年
静岡県茶業連合会議所『光榮の茶業』静岡県茶業連合会議所，1931年
加藤德次郎『日本茶貿易概観』茶業組合中央会議所，1935年
静岡県茶業組合連合会議所『茶業五十年　茶業組合五十年の回顧』静岡県茶業組合連合会議所，1935年
静岡県茶業組合総合事務所『静岡県茶業史　続編』静岡県茶業組合連合事務所，1937年
茶業組合中央会議所『日本茶業史　続編』茶業組合中央会議所，1940年
静岡県再製茶業組合『静岡県再製茶業史』静岡県再製茶業組合，1942年
菊池壽『茶業年鑑』茶業界社静岡支部，1949年
日本茶輸出百年史編纂委員会『日本茶輸出百年史』日本茶輸出組合，1960年
静岡市『静岡市史　近代』1969年
大石益光『静岡県昭和人物誌』静岡新聞社，1990年
大石益光『静岡県歴史人物事典』静岡新聞社，1991年
井出暢子『蘭字　日本近代グラフィックデザインのはじまり』電通，1993年
窪川雄介『茶のすべて』静岡印刷，1997年
横浜開港資料館『図解　横浜外国人居留地』麒麟堂，1998年
寺本益英『戦前期　日本茶業史研究』有斐閣，1999年
静岡市茶流通業史編集委員会『静岡で活躍した外国茶商のこと』静岡茶商工業共同組合，2000年
荒木安正松田昌夫『紅茶の辞典』柴田書店，2002年
小川内清孝『大浦お慶の生涯』商業界，2002年

ALL ABOUT TEA

文化としてのお茶，輸出商品としてのお茶

はじめに

このたび静岡大学の研究チームの尽力により，ALL ABOUT TEA の翻訳書が知泉書館より刊行されるはこびとなった。ALL ABOUT TEA は1935年，ニューヨークの The Tea and Coffee Trade Journal Company から出版された書物で，第1巻559ページ，第2巻568ページ，計1127ページからなる大著である。

本書は世界各国における茶の歴史，生産・栽培技術，科学成分，流通・広告・貿易・消費といった商業的側面，喫茶の歴史や文学・芸術との関わりといった文化的側面に至るまで全てを網羅しており，茶の大百科事典と呼ぶべき貴重な文献である。

ALL ABOUT TEA の原著は，今から70年も前の出版ということもあって，わが国ではごく一部の茶業関係機関と大学図書館に所蔵されているだけであったが，2004年，文生書院から刊行された『日本茶業史資料集成』の中に加えられ，復刊が実現し，比較的容易に入手できるようになった。

さて今回の翻訳では，日本に関係する3つの章，すなわち「日本の茶道」（第2巻第19章），「日本における栽培と生産」（第1巻第16章），「日本の茶貿易史」（第2巻第12章）が取り上げられている。単なる英文和訳にとどまらず，詳細な注釈が付け加えられているため，読者は本文を読むだけで十分理解できるが，より一層の便宜をはかるため，平安時代の伝来以来1200年にわたる日本茶史を概観しておきたいと思う。

1　文化としてのお茶

（1）　喫茶の伝来

日本における喫茶の起源をいつに求めるかに関しては種々の見解があるが，最も有力な説は，入唐帰朝僧が持ち帰ったとするものである。周知のように7世紀から8世紀

にかけて唐は国際色豊かな文化を発展させており，わが国からも大規模な遣唐使が派遣された。その遣唐使が伝えた文化の中に，喫茶の習俗が含まれていたとするのが定説である。

　9世紀はじめに編纂された勅撰の歴史書や漢詩集に茶の記載が見られ，京都の貴族や僧侶の間で，茶はある程度定着していたと考えられる。だがこうして伝わった喫茶の風習は，9世紀後半以降広がらなかった。その原因は，当時日本に導入された喫茶法は，煎じ茶法だったからである。これは茶葉を団子状に固めたもの（団茶）を，飲むときに必要なだけ切り取って臼で搗き，粉末状にして釜に入れ，煮出された汁をすくって飲むという方法である。しかし臭いが強く，日本人の嗜好に合わなかった。さらに製茶技術の導入が伴わなかったことも衰微に結びついた。

　894（寛平6）年，菅原道真の建議によって遣唐使が廃止された。唐は8世紀の内乱（安史の乱）で衰退しており，多くの危険を冒してまで交渉を続ける必要がなくなったためである。菅原道真や都良香らの詩文の中には茶に対する積極的姿勢が見られず，関心は酒へと向かうようになった。

（2）　鎌倉仏教と茶

　その後中国は宋（960–1279）へと時代が移っていく。宋の文化を学ぼうと，日本からも留学僧たちが送り込まれた。その中の一人に臨済宗の開祖である栄西（1141-1215）がいた。宋の時代に入ると，中国の喫茶法は煎じ茶法から点茶（抹茶）法に変わっており，栄西は2回目の入宋から帰国し，この方式をわが国に伝えたのである。点茶（抹茶）法とは，「碾」と呼ばれる木製の薬研を使って茶葉を粉にし，沸騰した湯の中に入れて飲む方法である。

　やがて禅僧たちの間では，修行中に襲ってくる睡魔を除き精神を集中させるため，抹茶を飲む風習が普及していった。なお栄西は1211（承元5）年，『喫茶養生記』を著わしている。この書は茶を嗜好飲料として位置づけたものではなく，その薬学的効果について論じたものであった。二部構成で，五臓和合門（茶経）と遣除鬼魅門（桑経）から成立している。前者は生理学的立論，後者は病理学的立論である。

　栄西はまた1205（元久2）年，将軍源頼家の帰依と庇護を受け，洛東に建仁寺を創建して禅宗を広めるための基礎を築いた。栄西が明恵上人（1173-1232）に茶種を贈ったのは，その翌年のことであったと伝えられている。明恵は京都栂尾に華厳宗の興隆を願って高山寺を中興し，栄西と交流して禅の教えを受けた。その際に喫茶をすすめられ，茶の薬効についても知ることになったのであろう。

京都の栂尾における茶栽培はその後2世紀にわたって発展し，栂尾茶を「本茶」，それ以外のものを「非茶」と称するほど良質の茶が生産された。川霧が深いことなど，地理的・気象的条件が整っていたからである。

（3）会所の茶

　鎌倉末期以降の喫茶は，栄西の流れを受け継ぐものに加え，貴族や武士の社交の場にも登場するようになった。例えば鎌倉時代末期に連署や執権など重職を務めた金沢貞顕（1255-1333）は，叡尊の教え（律宗）の関東における拠点であった称名寺の裏山に茶園を設けるほど喫茶を好んだという。

　武士社会における茶の特徴は，唐物茶道具を賞玩しつつ喫茶を行ったことである。円覚寺の塔頭仏日庵の『仏日庵公物目録』（1363年書写）には，頂相（禅僧の上半身または坐相を描いた画像）のほか，建盞（天目型茶碗），絵画，墨蹟，花瓶，香炉などが記載されている。また喫茶の場となったのは「会所」であった。会所は必ずしも茶の湯専用の空間ではなく，和歌や連歌など広く芸能の場として使用されたが，ここには多くの唐物が飾り付けられていた。金沢貞顕も鎌倉の邸宅に会所を持っていたことはよく知られている。

　1351（正平6）年成立した絵巻『慕帰絵詞』には，会所での歌会の様子を描いた部分がある。部屋の壁には柿本人麻呂の画像が掛かり，その前には香炉と花瓶，懐紙や短冊を載せる文台が置かれている。さらに僧侶が点茶の準備をする光景や，茶筅や茶器などの茶道具も見られ，「会所の茶」の場面が想像できる。

（4）闘茶の流行

　鎌倉時代のおわりから南北朝時代にかけて，茶は畿内や駿河，関東で栽培されるようになり，「本茶」といわれた栂尾産を頂点に，宇治や醍醐でも良質の茶ができるようになった。

　さて14世紀前半頃から，趣味的な喫茶法として，闘茶が流行しはじめた。闘茶は茶歌舞伎ともいうが，端的にいえば茶の産地を当て，勝敗を競うゲームである。すなわち，栂尾産を「本茶」，他産地のものを「非茶」として味を識別するもので，通常は十服飲み分けるのであるが，七十服，百服と繰り返されることもあった。そしてときには高価な賭物を競い，ギャンブル的な要素が強かった。

　南北朝の動乱期には，伝統的でオーソドックスなものを否定し，異風なものへの関心が高まった。それを象徴することばが「バサラ」であった。「バサラ」とは物好

き・創造性といったニュアンスを含む美意識で、「バサラ大名」の代表が佐々木道誉（1296-1373）であった。「バサラ大名」たちは、仲間を集めては茶寄合を開き、舶来品（唐物）を持ち寄り、会場を派手に飾って贅沢な宴会を行った。その宴会の中で闘茶も楽しんだのである。

（5） 侘び茶の成立と発展

応仁の乱（1467-77）後、8代将軍足利義政（1436-90）を中心に展開された東山文化は、禅の精神に基づく簡素さと、伝統文化の幽玄・侘びを精神的基調としていた。東山文化を象徴する建築様式が書院造で、押板、違い棚、茶の湯棚など、道具を飾るための棚が設けられた。これらの棚に道具をどのように飾るか、将軍や有力大名の道具飾り（室礼）を担当したのが、能阿弥（1397-1471）、芸阿弥（1431-85）、相阿弥（？-1525）の三阿弥と呼ばれる同朋衆であった。彼らは奔放自在な闘茶の形式を改め、「会所の茶」を整備する役割を果たした。

　15世紀後半、村田珠光（1423-1502）の登場によって、侘び茶が創出された。珠光は茶と禅の精神の統一性を主張し、茶室で心の静けさを求めることを訴えた。すなわちこれまでの茶は、唐物の美術工芸品の鑑賞を主体としていたのに対し、珠光の茶は、「冷え枯れ」の精神的側面を前面に出したところに新しさがあった。

　侘び茶の方式はその後堺の豪商武野紹鷗（1504-55）に受け継がれた。紹鷗は30歳までは連歌師を目指し、当代随一の古典学者三条西実隆（1455-1537）より指導を受けた。そして連歌の美意識を土台に、茶の湯を作り上げたのである。

　武野紹鷗によってひとつの芸能としての体裁を整えた茶の湯は、忙しく危険な日々を過ごす町衆たちの非日常の遊びとして憩いの場を与えた。彼らは茶の湯の世界を「市中の隠」「山居の躰」と語った。生活の場である市中を離れず、一時世俗を忘れ、山居の姿をとるところに町衆の茶の湯があった。この合成語としての「市中の山居」は、ポルトガルのイエズス会通事ジョアン・ロドリゲス（1561-1634）の著書『日本教会史』に述べられており、俗塵と非日常を対比させた美意識として紹介されている。

　町衆の茶の湯は堺を中心に天文年間（1532-55）に開花するが、概ねこの頃に茶道の原型が整えられたといえる。その第1の特徴は、茶室という特定の場所が作り出され、茶道具に一定の規範が生まれたことである。茶道具は当初唐物が主流であったが、徐々に国焼きへと関心が移っていった。さらに茶を専業とする茶匠の誕生も見過ごすことはできない。とりわけ堺の代表的な町衆であった今井宗久（1520-93）、津田宗及（？-1591）、千利休（1522-91）らは、名物道具を持つ茶の湯の達人であった。彼らは

日本茶文化大全

信長・秀吉のもとで茶頭として仕えた。

　千利休は，堺の町衆の間で発達してきた侘び茶の伝統を継承しつつも，茶室，道具，点前，懐石，精神性など，茶の湯を構成する様々な要素において創意工夫を重ね，茶を日本を代表する精神文化の水準にまで高めた。

（6）　権力者と茶

1568（永禄11）年，織田信長（1534-82）は自分の力を頼ってきた足利義昭を立てて入京し，義昭を将軍職につけて天下統一への第一歩を踏み出した。信長は天下統一を目指す過程で，すでに高い評価が定着した名物茶道具を和睦・服属の証として献上させる「名物狩り」を行い，収集した名物茶道具を権威と権力の誇示に利用した。またこれらは，恩賞として用いられることもしばしばであった。さらに信長は，家臣たちが茶会を開くのを許可制にし，茶の湯を政治的にコントロールしていったのである。これを茶の湯御政道という。

　豊臣秀吉（1537-98）が茶の湯に関わるようになったのは，1578（天正6）年頃からである。秀吉は利休の茶を理解し，茶の湯への思いは信長以上に深かったといわれている。いまひとつ注目すべきは，豪放な茶の湯を目論んだことであり，1585（天正13）年の京都大徳寺における大茶の湯，1587（天正15）年の北野大茶の湯がその典型といえよう。

　一方大徳寺大茶の湯と同年，秀吉は正親町(おおぎまち)天皇の御所で天皇や親王を招いた茶会を開いている。天皇が公式に茶の湯の席に入ったのは，これがはじめてであった。これまで商人や武将の間でしか行われていなかった茶の湯が，公家の世界に受け入れられた意義は大きかった。

　さらに大坂城に黄金の茶室をつくらせたことを考え合わせると，秀吉の茶会は自らの権力を誇示する目的と，人々に天下泰平を印象づける意図があったといえる。

（7）　江戸時代における大名茶

北野大茶の湯をピークに利休と秀吉の関係は悪化してゆき，1591（天正19）年，利休はついに切腹を命じられた。利休の死後，茶道は武家社会に広がり，大名茶人として有名な古田織部（1543-1615），小堀遠州（1579-1647），片桐石州（1605-73）らが誕生した。

　古田織部は美濃の出身で信長，秀吉に仕え，1585（天正13）年頃には山城に3万5,000石を与えられていた。またこの少し前より利休と密接に交渉し，彼の切腹まで生涯を

ともにして茶の湯を学んだ。以上のように利休の晩年に師事した織部であったが，彼の名が広く知られるようになるのは，幕藩体制確立期の慶長年間（1596-1614）であった。

　この頃織部は駿府へ出向き，徳川家康に点茶を行ったり，1610（慶長15）年には2代将軍秀忠に茶法を伝授している。こうして慶長年間後半には，茶の湯の第一人者としての地歩を固めたのである。織部の茶風は必ずしも利休を踏襲したものではなく，独自色の強いものであった。例えば茶室燕庵にみるように相伴席を置き，身分制度を意識させる武家相応のスタイルを作り出した。また茶室に窓を多く設け，明るく開放的な空間を創出した点にも特徴がある。さらに織部焼と呼ばれる茶陶は，従前のものと比べると斬新なデザインで，色使いも大胆であった。

　織部の茶を受け継いだのは小堀遠州であった。彼は近江小堀村（長浜市）の生まれで，父の死後，近江小室藩主（1万2,000石）となる。普請奉行として，豊臣秀吉，徳川家康，秀忠，家光に仕え，仙洞御所，大坂城，二条城などの作事にあたったのはよく知られている。

　さて，遠州が茶人として本格的に認められる契機となったのは，1636（寛永13）年における3代将軍家光への献茶であった。彼はこれによって，将軍家茶道師範の地位を揺るぎないものにしたのである。遠州は小間に加え，鎖の間と書院を併用する茶会を定式化した。鎖の間とは，小間と書院をつなぐ鎖という説があるが，ここで唐物荘厳の茶を復活させ，さらに書院においては，『古今集』など平安時代の古典文化を取り入れたのである。この美意識は「綺麗さび」と言われた。さらに道具の鑑定にも優れた力を発揮し，「和物」と呼ばれる日本人が描いた絵画や墨蹟，焼物を取り上げた。これらは中興名物と称された。

　片桐石州は，片桐且元の弟貞隆の子として摂津茨木に生まれた。1627（寛永4）年，父の遺領1万6,400石を継いで大和小泉の藩主となった。その後1633（寛永10）年京都知恩院炎上後には，再建奉行をつとめている。

　石州は利休の長男，千道安の高弟桑山宗仙より茶道を学んだ。その茶風は，遠州の「綺麗さび」に象徴される明るく優美なものとは異なり，利休のわび草庵の茶を徹底して追求したものであった。1665（寛文5）年には4代将軍家綱に献茶を行い，将軍家の茶道師範として名を挙げた。さらに，「石州三百箇条」を献じて柳営茶道（＝徳川将軍家の行った茶の湯）の条規を定め，大名以下も身分ごとに区分して茶法を定めていった。すなわち，茶の点て方，作法，道具，茶室の掛け物から衣服に至るまで，身分によって違いを持たせたのである。

日本茶文化大全

17世紀後半になると，幕藩体制は安定期を迎えた。こうした中で茶の湯は，封建社会を支える分限思想，儒教道徳的な徳目とも結びつき，武家必須の礼法として，諸藩の大名たちの間に広く浸透していった。

　さて以上で述べた大名茶を支えたのは，御茶師三仲ヶ間と呼ばれ，特権を与えられた宇治の茶師たちであった。宇治地域は他産地と異なり，覆下栽培による碾茶の生産に力を入れた。覆下栽培とは，茶園に覆いをかぶせて栽培する方法である。新芽が出た後，摘採の約20日前から葭や藁をかける。日光を遮ると，テアニン（旨み成分）からカテキン（渋み成分）への変化が小さいため，旨みが多く，渋みの少ない茶を生産することができる。なお宇治で覆下栽培が始まったのは16世紀後半頃と推察されるが，この栽培方法が許されたのは，御茶師三仲ヶ間のメンバー50～60名に限られていたのである。

　1627（寛永4）年，徳川3代将軍家光は御茶師三仲ヶ間の筆頭であった上林家に命じ，朝廷献上茶と将軍家直用の高級茶を作らせた。そして1633（寛永10）年頃から，将軍の権威を示す年中行事として御茶壺道中が制度化される。これは幕府が将軍や側近の人々が喫する宇治茶を江戸城に運ぶため，毎年「宇治採茶使」に茶壺を持たせ，江戸－宇治間を往復させるのを恒例化したものであった。新茶の季節になると，宇治橋のたもとに「御物御茶壺出行無之内は新茶出すべからず」という高札が掲げられた。すなわち朝廷と将軍に御茶壺を進献するまでは，新茶の他売が禁じられたのである。さらに幕府ばかりではなく，諸国の藩主もそれぞれ最寄りの御茶師を御用達として茶を入手した。とりわけ有力大名は特定の御茶師を抱えて扶持を与え，領内において特権を許した。

　御茶壺道中の制度は，1866（慶応2）年まで約250年間続けられた。これが宇治茶＝高級茶というイメージの主たる源泉になっていると考えられる。

（8）　煎茶と玉露の開発

17世紀後半頃から宇治茶師は多額の借財を抱えるようになった。1611（慶長16）年に行われた検地で高率の年貢をかけられ，諸物価や人件費が年々高騰するなかで，碾茶価格は1642（寛永19）年以降幕末に至るまで凍結され，採算が合わなくなってきたのである。加えて1698（元禄11）年3月，宇治市街は大火に見舞われた。茶摘前の時期であったため，すぐれた覆下茶園も深刻な打撃を受けた。そのためこれまで特定の茶師にしか許されていなかった覆下栽培（碾茶栽培）が，近在の農民にも認められるようになり，特権に守られてきた茶師たちの窮乏に拍車をかけたのである。

しかし18世紀に入ると，宇治茶業は逆境をバネに新しい展開を見せる。茶業者たちは碾茶生産のみに依存してきたことに限界を感じ，新たな製茶技術を開発したのである。特筆すべきは，1738（元文3）年，綴喜郡宇治田原村湯屋谷の永谷宗円（1681-1778）による宇治製法の開発である。

宮崎安貞の農書『農業全書』（1697）にみるように，これまでの一般庶民の飲茶法は，若葉・古葉を残らず摘み取り，灰のアクを加えた熱湯でさっとゆがき，冷水で冷やした後よくしぼりあげ，莚に広げて干してから揉み，焙炉で乾かしたものを煎じて飲むというものであった。宗円はこの方法を改め，新芽のみを用いて湯で蒸し，焙炉上で手揉みをしながら乾燥させるという丁寧な方法に切り替えた。その結果水色は茶色から美しい薄緑になり，甘味があって，香気馥郁とした今日の煎茶が誕生したのである。

宗円は新しく開発した煎茶の販売をまず江戸の茶商山本嘉兵衛に依頼した。嘉兵衛はこの画期的新製品を「天上」または「天下一」の銘で売り出し，江戸の人々を驚嘆させた。茶商山本嘉兵衛の名声は宇治製法の普及とともに高められたため，山本家は永谷家に1875（明治8）年に至るまで，毎年25両の小判を贈って謝意を表した。

さて，宇治製法による煎茶の普及に大きな役割を果たしたのが売茶翁と呼ばれた柴山元昭こと高遊外（1675-1763）であった。彼は肥前の武家出身で，黄檗宗の禅僧であった。諸国を遍歴後，1731（享保16）年57歳で京都に出て，60歳より東福寺や三十三間堂などの名所で煎茶の立ち売りを行った。1735（享保20）年には東山に通仙亭という小さな茶店を構え，「茶銭は黄金百鎰より半文銭までは，くれ次第，ただのみも勝手，ただよりはまけもうさず」と貼り紙をして人目を引いた。

煎茶を通しての高遊外の主張は，唐代の陸羽や盧同にまで遡る文雅な喫茶への復古であった。そしてこの精神が，当時の知識人たちの間に広く受け入れられてゆくのである。上田秋成（1734-1809），田能村竹田（1777-1835），頼山陽（1780-1832）らの文人たちが，煎茶ブームの担い手であった。中でも上田秋成は1794（寛政6）年，茶の湯を批判する立場から煎茶書『清風瑣言』を著わし，そこで茶の湯が本来の精神から離れて遊芸化していることや，抹茶は味が重いので身体に毒で精神性が薄いことなどを論じて文人社会に歓迎された。

煎茶はその後目覚しく普及し，幕末開港を迎えると花形輸出商品として外貨獲得に貢献する。

高級茶の代名詞である玉露が誕生したのも宇治であった。玉露誕生には二説があり，1834（天保5）年，宇治郡木幡村の茶師上坂清一が煎茶宗匠小川可進の依頼によ

って精製したという見解と，1835（天保6）年，第六世山本嘉兵衛が宇治・小倉村の木下吉左衛門の製茶場で碾茶の芽を撹拌しているうちに，偶然生み出されたという見解に分かれている。玉露はその後明治初期に至ると，宇治郷の辻利右衛門（1844-1928）の尽力により，製法や形状に改善が加えられた。

2　輸出商品としての日本茶

（1）　最大の輸出市場アメリカ

近世まで限られた地域における小規模生産にとどまっていた茶は，1858（安政5）年に締結された通商条約（安政の五カ国条約）に基づく開放体制への移行を契機に一躍脚光を浴び，最大の輸出先をアメリカ市場に見出した。明治～第一次世界大戦までの時期，日本で生産された茶の60～90％がアメリカ市場で消費された。したがって，アメリカ市場での好不況が，日本茶業の動向を左右する第一の要因であったといえる。また明治前半期，茶は生糸とともに外貨獲得に貢献し，近代工業化に重要な役割を果たした。1887（明治20）年頃までの輸出総額に占める茶の割合は概ね15～20％に達し，多い年は35％を超えることもあった。

ここでアメリカの喫茶事情についてふれておきたい。周知のようにアメリカでは1773年のボストン・ティーパーティー以来コーヒー文明が定着し，コーヒーと茶の消費割合は，90～80：10～20であった。ひとりあたり水準では，アメリカ人は年間12ポンド（＝5,232g）のコーヒーを飲用するが，茶はわずか1ポンド（＝436g）しか飲んでいない。このようにアメリカ市場ではコーヒーが優勢を保っており，茶の存在は小さかった。しかしそのわずかなシェアをめぐり，日本茶は中国茶，インド・セイロン紅茶と激しく競合することになる。

日本茶の人気が高かったのは，太平洋岸のカリフォルニア州や，中央西北部のノースダコタ州などであった。そして都市部よりも農村に支持者が多く，彼らはコーヒーや紅茶と同様に，ミルクと砂糖を混ぜて日本茶を飲んでいた。アメリカ人には，何も加えず独特のデリケートな味や香りを楽しむという日本茶本来の飲用法が理解されていなかったのである。ここに越えることのできない文化の壁が立ちはだかっていた。

16世紀後半，ルイス・フロイス，ジョアン・ロドリゲス，ヴァリニャーニら日本を訪れた西洋人たちが接した茶は，東洋の神秘を宿した茶の湯の文化であった。ところが250年あまりを経て鎖国が明けた後，彼らが求めたのは，文化的な側面を無視した

商品としての茶であり、貿易を通じて得ることのできる利益だったのである。

　こうした状況の中、1906年、岡倉天心によって『茶の本』が著わされた。ここで天心は、茶道の歴史、茶室、茶道と結びついた芸術鑑賞などについて述べ、東洋の美と調和の精神、茶の文化性を海外の知識人たちに訴えた。

（2）　明治政府の茶業奨励策

明治期における日本茶業発展の背景には、政府の多大な努力があった。1874（明治7）年3月、ときの内務卿大久保利通によって内務省勧業寮製茶掛が設けられ、茶の生産と貿易の促進に乗り出すことになる。その第一歩は紅茶生産の伝習であった。当時諸外国では緑茶よりも紅茶の需要が圧倒的に多く、紅茶の輸出振興をはかる必要が生じたためである。しかし紅茶に関する知識は皆無に等しく、中国から技師を招いたり、インドから製造技術や茶種の導入を試みるが、顕著な成果をあげることはできなかった。何よりも、気候・風土の面でハンディキャップを背負っており、また粗製濫造による信用失墜が不成功の原因であった。

　さて、外圧によって突如貿易を開始することになった日本は、どこに、何を、どのような方法で売ればよいのか全くわからなかった。しかしその問題は1881（明治14）年から始まった領事報告制度によって解決してゆく。領事報告とは、領事が駐在国における通商情報を本国へ報告する制度で、領事館網は以後着実に整備されてゆき、業者のニーズに応えたのである。領事報告では、市況、競合飲料であるコーヒー、紅茶、中国茶の動向、日本茶に対する評判、商習慣などが実に詳細にレポートされている。これをもとに茶業者は輸出戦略を立てることができるようになった。

　日本茶を海外に売り込む格好の場となったのは万国博覧会である。1870（明治3）年、アメリカのサンフランシスコ工業博覧会を皮切りに、明治期を通じ積極的な出展が試みられた。とりわけ1893（明治26）年のシカゴ・コロンブス世界博覧会では、店内や庭園は純日本風の粋をこらし、入場者には試飲茶を配ったため、半年にわたる会期中の来店者は16万人に達した。茶道文化・精神文化を強調して宣伝するのが日本の方針であった。一方国内的には、内国勧業博覧会と製茶共進会における表彰制度が生産者の励みとなり、品質向上、製茶技術の改良・普及に貢献した。

　不平等条約の桎梏のもとで行われた居留地貿易は、日本にとって甚だ屈辱的であった。居留地貿易とは、通商条約で定められた開港場の外国人居留地において、外商と売込商・引取商の間で行われる貿易取引をいう。そこで無視できないのは、売込商の外国商館に対する隷属的関係である。外国商館の理不尽な行為は目に余るものがあり、

例えば量目検査で量目をごまかしたり，一度成立した契約を破棄するといった暴挙が日常的に行われていた。しかし治外法権の壁が立ち塞がり，売込商は何らの措置も講じることができなかったのである。またアメリカまでの長距離輸送に支障をきたさないため，開港場のお茶場では，再製火入れがほどこされた。このお茶場では，焦熱地獄のなか，女工たちが1日10〜12時間，瞬時の休息もなしに働いていた。にもかかわらず，商館主による暴行事件や，賃金の不払い・支払い遅延などが頻繁に起こっていたのである。

　外国商館により茶が不当に安く買い叩かれることや，お茶場の劣悪な労働実態を改善するには，日本人が商権を握り，自主独立的輸出（直輸出）を実現する以外方法はなかった。だが直輸出の試みは，資本力の弱さや貿易に対する知識が不十分だったことから失敗の連続であった。直輸出比率は治外法権が撤廃された1890年代半ば頃でも10％程度にすぎず，関税自主権が完全回復した1911（明治44）年に至ってようやく60％に達したのである。

（3）　篤農家・組合の役割

民間に目を向けると，まず第一に先見の明を持った篤農家の努力を見過ごすことはできない。彼らは製茶貿易の重要性をいちはやく察知して茶園開発を進めるとともに，先進技術の導入にも意欲的であった。例えば伊勢国室山村（三重県四日市市）の伊藤小左衛門は，農業を営みつつ味噌の醸造を行っていた。ところが開港後間もない1860（万延元）年，欧米諸国で日本茶の需要が高まっているのを察知し，山地2反8畝歩（＝0.28ha）を開墾して茶樹の栽培を始めた。また横浜に赴き，茶貿易の盛況を見て大いに刺激され，伊勢はもとより，近江，美濃の茶も買い集め，横浜に送って巨利を得ている。

　明治に入ると茶園面積は10町歩（＝10ha）あまりに拡大され，3つの荒茶製造工場を建設するなど，事業はきわめて順調に進んでいった。さらに明治20年代には，まだほとんど普及していなかった製茶機械の導入にも積極的であった。

　彼は自らの茶業経営に専心するだけでなく，地域全体の茶業指導者としての役割も大きかった。ほかにも，駿河国袖師村の沢野精一，宮崎県北諸県郡庄内村の南崎常右衛門らが，地域茶業発展に全力を注いだ貢献者として歴史に名を残している。

　次に上記の事例とはやや性格が異なるが，現在日本茶生産の中核地として発展を続けている牧之原開拓の歴史をふりかえっておこう。牧之原開拓は明治維新の制度改革で職を失った幕臣によって着手されたが，彼らは農作業に不慣れであったため，長続

きしなかった。その後，大井川の川越制度廃止によって失業を余儀なくされた川越人足に引き継がれたものの，やはり厳しい労働に耐え切れず，開墾は遅々として進まなかった。こうした状況のなか，茶園開発に力を尽くしたのは静岡県小笠郡池新田村出身の豪農丸尾文六であった。彼は県外から製茶技術の導入をはかり，巨額の私財を投じて開拓を推進した。開拓面積は1871（明治4）年，200町歩（＝2 km²）にすぎなかったのが，年ごとに拡大し，1915（大正4）年には1,600町歩（＝16 km²）に達した。このように牧之原茶園の基礎は士族と川越人足によって築かれ，丸尾文六に代表される近在の農民によって完成に導かれたといえる。

　以上のとおり急増する需要に対応できたのは，各地に強力なリーダーシップと実行力を備えた篤農家が存在したからである。それに加え，経済的背景として留意しなければならないのは，士農工商の身分制度廃止や農民が栽培する作物の自由化といった制度改革があったこと，地租の物納から金納への移行に象徴されるように，貨幣経済が浸透し，換金作物としての茶の有利性が増大したことである。

　一般に産業が目覚しく発展するには，人物とともに組織が果たす役割も大きい。1884（明治17）年，茶業組合準則の発布によって，郡区町村を単位とした茶業組合，府県を単位とした茶業取締所，全国規模の中央茶業組合本部が設立され，茶業界の組織化が進展することになる。その後1887（明治20）年，茶業組合準則を廃止して茶業組合規則に切り替わり，郡区町村を単位とした茶業組合，府県を単位とした同聯合会議所，全国規模の同中央会議所が設立された。そしてこの規則による組合は，1943（昭和18）年，農業団体法の公布によって茶業組合規則が廃止されるまで存続する。組合は生産，流通，販売すべての面で茶業振興の指針を示した。

　ところで組合結成の契機となったのは，偽茶・粗悪茶の跋扈であった。一部の心ない生産者が製造した粗悪品がチェックを受けずにアメリカ市場に輸出されたため，1883（明治16）年，議会はついに「贋茶禁止条例」を制定した。最大の市場アメリカで信頼を失うことは，茶業界にとっては致命的な打撃となる。そこで組合を結成して品質検査を強化し，粗悪茶の取締に専念したのである。

（4）対米輸出の衰退

明治後半期に至り，花形輸出品として発展してきた日本茶に衰退のきざしが見え始める。その直接的要因として指摘できるのは，インド・セイロン紅茶が目覚ましい勢いでアメリカ市場に進出してきたことである。インド・セイロンは自然条件に恵まれ，年間30～40回の摘採が可能であった。さらに茶園経営は大規模なエステート（組織農

場）方式で機械化が著しく進んでいた。これに対しわが国は年3回の摘採が限度であり，経営規模も零細であった。日本茶はインド・セイロン紅茶に比較して，多くのハンディキャップを背負いながら競争しなければならなかったのである。

一方間接的な要因は本格的な工業化が軌道に乗り，輸出品も繊維品などに移行し，一次産品である日本茶の地位が必然的に低下したことである。明治末年の輸出総額に占める茶の割合は3％前後に低下し，綿糸・綿織物・絹織物が比重を高めている。

第一次世界大戦の勃発は，衰退傾向にあった日本茶の対米輸出を著しく好転させた。しかしそれは一時的な現象で，反動は深刻であった。1917（大正6）年における対米輸出量は実に2万5,453トンを記録したが，1921（大正10）年の輸出量はピーク時の25％水準の6,185トンに激減している。

ところで第一次世界大戦後の日本茶業は2つの難問を抱えていた。第一は品質低下問題である。戦時中アメリカに売り込んだ大量の日本茶は，木茎，粉末などの混入が多かった。木茎とは茶葉のなかに混じっている茶の茎をいうが，木茎混入は粗雑な摘採と摘採鋏の乱用によって引き起こされたものであった。さらに看過できないのは，茶価高騰である。第一次世界大戦ブームは賃金や燃料費の高騰を招き，これに連動して茶価も急激に上昇した。こうした事情により，アメリカ市場での日本茶に対する不満は，日ごとに高まってゆく。

その反面インド・セイロン紅茶は着々と地歩を固めていった。とりわけ1924（大正13）年より5ヵ年計画で100万ドルを投じ，全米規模で展開した広告活動は見事に功を奏した。ところで，広告活動を一任されたのは，イギリス広告界のナポレオンと呼ばれていたサー・チャールス・ハイアムであった。彼は読者層の大きな新聞広告で午後の喫茶を提案し，オレンジ＝ペコーの保健効果やリラックス効果を強調した。また，正しい喫茶方法の教示も怠らなかった。さらにユニークなエッセイコンテストを実施したり，ラジオによる宣伝など，斬新な方法で人心を引き付け，紅茶を普及させていったのである。1920年代後半のインド・セイロン紅茶の対米輸出量は2万トン前後と，日本茶の3倍以上に達していた。

インド・セイロン紅茶の攻勢に直面して憂慮と焦燥が高まる中，1924（大正13）年5月，本書の著者であるユーカースが来日した。この際彼は日本茶の宣伝不足を指摘し，綿密な市場調査を行った上で，積極的な広告活動を展開すれば，アメリカ市場における劣勢は挽回できると忠告した。

ユーカースの忠告を受けた日本側の広告戦略は，茶の薬学的効果を強調することであった。ちょうどこの年（1924年），理化学研究所の三浦政太郎博士が茶にビタミン

Cが含まれていることを発見し，販売拡大の好適な支援材料となったからである。茶業界は雑誌広告や小冊子の配布を通し，背水の陣で日本茶の知名度を高めようとした。

　ところが1929（昭和4）年，軌道に乗りつつあった宣伝活動に思わぬ妨害が入る。アメリカ農務省が「実験の結果，日本緑茶にビタミンCは含まれていない」と発表したのである。このような食い違いが生じた可能性として，農務省の実験が摘みたての一番茶ではなく，摘採後何年か経過し，店頭にバラの状態で放置されていた古茶で行われたことが考えられる。これはアメリカの販売店におけるインド・セイロン紅茶への関心の高さ，日本茶に対する管理・保管の杜撰さを反映した結果でもあった。こうしてアメリカ市場における敗北は決定的になり，日本茶は重要輸出品ではなく，国内向け嗜好飲料としての性格を備えることになったのである。

（5）　新販路の開拓

昭和初期，日本茶の総生産に占める輸出のウエイトは20％前後にまで低下していた。輸出そのものの重要性は小さくなっているが，輸出市場のなかでは，依然としてアメリカが最大であった。

　さて，「ビタミンC事件」で致命的なダメージを蒙った茶業界は，心機一転，新販路の開拓に乗り出す。数量的には大きくないが，ソビエト，北アフリカ諸国（モロッコ・リビアなど），アフガニスタンへの進出がこの時期の特色である。これらの国々は茶業界のみならず，日本にとって全く未踏の市場であった。だがこの異文化の地に最後の望みを託して現地の喫茶の風習を研究し，1925（大正14）年，すでに定着していた中国のハイソン型緑茶に近い玉緑茶を開発し，需要開拓の試みを行ったのである。

　例えばモロッコは，19世紀に入ってイギリスの貿易商が茶を伝えて以降喫茶の風習が始まったといわれている。モロッコではイスラム教の戒律によって飲酒・喫煙が禁じられていたこともあり，北アフリカ第1の緑茶消費国であったが，その情報がはじめてわが国に伝わったのは，1924（大正13）年，マルセイユ駐在の領事を通してであった。

　モロッコにおける喫茶法は，適切な量の茶を茶器（多くの場合は銀製の急須）に入れ，その後約4倍の白砂糖を加える。次に沸騰した湯をこれに注ぎ，その上に茎がついたままのハッカの生葉7, 8葉を入れ，2, 3分経過してからガラスコップに移し，これを飲用するというものであった。

　当時モロッコ市場は中国ハイソン型緑茶に独占されていたものの，日本でもほぼ同種の玉緑茶が開発されたばかりであり，新販路開拓に意気込む日本の業者は大いに奮

い立った。1930（昭和5）年，約4.5トンの玉緑茶が試売され，32（同7）年の輸出量は1,179トンまで急増している。しかしその後は伸び悩んだ。品質面で中国ハイソン型緑茶に及ばなかったからである。

新販路の開拓は，試行錯誤を重ねるうちに第二次世界大戦が勃発し，十分な成果をおさめることはできなかった。

（6） 技術面からみた戦前期日本茶業の発展

最後に技術発展の面から戦前期の日本茶業をかえりみることにしよう。1883（明治16）年2万803トンであった茶の生産量は，第二次世界大戦前の1936（昭和11）年に至っては4万7,944トンを記録し，約50年間に2.3倍の成長がみられた。この要因として次の諸点を挙げることができる。

まず第1は 茶園の山間傾斜地から平坦地への進出である。すでに指摘した維新期の諸変革も貢献し，明治期はじめ頃から茶園の平地進出が目立つようになった。典型的事例は，牧之原開拓であるが，埼玉の狭山，三重の北勢地区，宮崎の都城など，主要産地でも同様の傾向がみられた。平坦地茶園の増大は，茶園や製茶工場の機械化や規模拡大を促し，生産力を高めるための原動力となった。

第2に，施肥，土壌管理（耕耘，土寄せ，除草など），剪枝といった茶園管理技術の進歩も重要である。種々の茶園管理技術は明治初期の段階ではまだ不十分であったが，『茶業須要』を著わした酒井甚四郎のような精農家による地道な巡回指導や農書普及の結果，大正期までには全国的に広がっていたと考えられる。

第3に手揉み製茶から機械製茶への転換である。これは第一次世界大戦による茶価急騰が引き金となって促進されたものであるが，機械製茶のコストは手揉み製茶の約3分の1にとどまったため，機械導入の意義は大きかった。また主要産地の官庁は補助金交付を通じてこれを援助したことも機械化の浸透を促した。

なお製茶機械開発の背景には，高林謙三に代表されるような，研究意欲旺盛な民間技術者の貢献があったことを看過できない。高林謙三は1832（天保3）年，埼玉県高麗郡平沢村（現在の日高市北平沢）に生まれた。医師を志し，江戸の権田直助に皇漢医学を，佐倉順天堂の佐藤尚中に西洋医学を学んだ後，医院を開業した。1869（明治2）年，開業医のかたわら茶園を開き，茶業に関心を持つようになった。機械の発明に着手したのは1884（明治17）年のことで，以後寝食を忘れて研究に取り組んだ。彼は様々な種類の機械を開発しているが，とりわけ重要なのは，粗揉機である。粗揉機は製茶作業のなかで最も重労働である下揉み段階の機械におきかえるもので，完成は

1897（明治30）年，彼が66歳のときであった。その間，私財をすべて処分して研究費を捻出し，隣家からの出火で自宅を全焼するという不慮の事故に見舞われたが，原理的に現在の粗揉機とほとんど変わらず，手揉みと比べても遜色のない機械の開発にこぎつけたのである。

　第4に試験研究機関の充実と技術指導体制の強化を挙げておきたい。農業技術に対する国の試験研究体制は，主要食糧である稲，麦を優先して整えられていったため，農事試験場製茶部が設立されたのは1905（明治38）年のことであった。その後第一次世界大戦の勃発で輸出が急増し，これに対応するにはより高度で専門的な研究が必要となった。茶業関係者の熱心な請願運動が実を結び，1919（大正8）年4月，静岡県榛原郡金谷町に国立茶業試験場が設立された。国立茶業試験場は茶樹栽培および製茶技術の改善，製茶機械の改良・普及など，茶業技術全般の発展に大きく寄与した。一方主産地の県立茶業試験場も，独自に特色ある研究活動を展開しながら，地域の細部にまで技術を浸透させる役割をになった。

お わ り に

平安時代初期日本に招来された茶は，今日に至るまでの長い歴史の中で，そのときどきに応じた存在価値を持っていた。

　喫茶の風習は遣唐使によって伝えられた当初，まず天皇や貴族たちの間に広まった。彼らは国際色豊かな唐の文化に強い関心を示し，陸羽や盧同を源流とする清風の茶に憧れたのである。その後約300年の空白期間を経て茶が日本に本格的に定着するのは，鎌倉時代のことであった。宋より帰国した栄西が点茶（抹茶）法を伝えたのである。栄西が持ち帰った茶はその薬学的効果が注目され，修行中に襲ってくる睡魔を除去するため，禅僧たちの間に浸透していった。

　鎌倉末期に至ると，茶は貴族や武士の社交の場にも登場するようになり，金沢貞顕に代表される「会所の茶」が拡大する。そして南北朝時代を迎え，佐々木道誉らバサラ大名の間で闘茶が流行した。闘茶は茶を飲み分け，銘柄を当てるゲームであるが，その流行は茶栽培が各地に普及し，種類も多くなってきたことを物語っている。

　闘茶は奔放自在な要素が強く，ときとして高価な賭物を競う場合があったので，室町幕府8代将軍足利義政の頃から，これを改めようとする動きが見られるようになった。15世紀後半，同朋衆が会所の茶を整備し，やがて村田珠光によって侘び茶が創出

される。侘び茶の方式は武野紹鷗に受け継がれ，16世紀後半，千利休の手で確立された。利休は茶会と点前の形式を整え，茶室や道具に独創性を持たせ，精神性を深化させて茶道を完成したのである。

利休が完成させた侘び茶は，江戸時代には大名の世界にも受け入れられ，古田織部，小堀遠州，片桐石州ら大名茶人が現われた。彼らは幕府の身分政策に影響を受けながら，時代に応じた茶風を展開していった。

1738（元文3）年，永谷宗円による宇治製法の開発は茶の世界に大革新をもたらした。宗円の開発した茶は，針状の細長く揉まれた煎茶で，我々が日常的に飲用しているものと変わらない。またこれを契機に，陸羽・盧同に通じる風雅清貧の喫茶方式である煎茶道が誕生し，文人墨客の間に広まることになった。

18世紀後半から煎茶は抹茶を凌駕してゆき，幕末開港期〜第一次世界大戦期には重要輸出品としての役割を担った。その後大正期後半から今日に至るまで，日本人に最も密接に結びついた飲料として生活の中に定着していった。2004（平成16）年の統計では，荒茶の総生産量10万700トンのうち，7万800トンまでを煎茶が占めている。

1858（安政5）年，安政の五カ国条約が締結され，貿易が始まった。当時の日本はまだ有力な工業製品を持っておらず，生糸，茶等の一次産品を輸出して獲得した外貨をもとに，近代産業の育成をはかることになったのである。わが国における茶は平安時代の伝来以降，時代ごとに文化を創出してきたが，貿易の開始によって文化的側面は切り捨てられ，資本主義経済における商品として位置づけられるようになった。なお明治期における日本茶業発展の原動力は，領事報告制度に基づく海外市場情報の収集，博覧会，共進会を通じた宣伝活動，直輸出の奨励，同業組合による粗悪品取締と品質改善，篤農家による茶園開発，老農技術の普及などである。

明治末年に至ると，日本茶の輸出に衰退傾向があらわれ始める。その直接的原因は，最大の市場アメリカにインド・セイロン紅茶が台頭してきたことであるが，同時にこの頃には工業化が軌道に乗り，綿糸や綿織物といった軽工業品が，茶にとってかわるようになったのである。そして1920年代後半，アメリカ市場における広告競争の敗北が決定的打撃となり，日本茶は輸出商品としての役割を完全に終えた。

わが国において茶が大衆飲料として普及するのは，第一次世界大戦後のことであり，現時点でまだ80年ほどしか経過していない。1200年の歴史からみれば，ほんの短い期間にすぎない。しかし21世紀に入った現在，日本茶はこれまでにない大きな転機に直面しているといっても過言ではない。何よりも食生活の洋風化・簡便化が進展し，多様な競合飲料が出現してきたために，需要低迷が深刻化している。また緑茶ドリンク

が爆発的にヒットし，ドリンクへの支出額がリーフ緑茶を上回るという家庭も珍しくなくなった。さらに2004（平成16）年の統計によると，日本茶の輸出量はわずか872トンに対し，輸入量は1万6,995トンと過去最高を記録し，大幅な輸入超過国になっている。明治期の事情を思い浮かべると，信じがたい変化が起こっているのである。

　このような経済・社会環境の激変の中で，今後日本茶の存在は忘れられてしまうのであろうか。我々は今，連綿と継承されてきた日本茶の歴史を見つめなおし，新たな意義付けを行う時期を迎えている。その際キーワードとなるのは，文化と健康であろう。そもそも文化とは，心豊かな国民生活と活力ある社会の実現に不可欠なもので，人間相互の連帯感を生み出し，ともに生きる社会の基盤を形成するものである。日本を代表する文化である茶の持つ意味をあらためて評価することが大切である。さらに栄西が『喫茶養生記』で述べた「養生の仙薬」としての魅力を，より広く浸透させる必要もあるだろう。最近の研究により，抗ガン効果，生活習慣病予防効果，殺菌効果，疲労回復効果，肥満防止効果など，茶の様々な効果が医学的に立証されている。あらためて述べるまでもないが，茶は単なる嗜好飲料ではなく，文化的価値を備え，健康とリラックス効果を与えてくれる飲料である。日本茶を取り巻く環境が厳しさを増す今こそ，その素晴らしさを世界に向けて発信すべきであろう。

　ALL ABOUT TEA の3つの章を扱った本書は，「日本人にとってお茶とは何か」という究極のテーマに対する解答を見出し，先人の貢献を学んで未来を切り開く上で，重要な示唆を与えてくれる。膨大な時間と労力を割いて翻訳作業に当たられ，これを遂行された静岡大学 ALL ABOUT TEA 研究会のみなさんに深甚の敬意を表しつつ，本稿を締めくくることにしたい。

　　　　　　　　　　　　　　　　　　　　　　　　　　　　（寺本　益英）

茶 と 鉄 道

　全国的に茶の産地として有名な静岡県の静岡市以西を走る鉄道は現在7路線。県内を東西に貫くJR東海道本線・東海道新幹線，同じくJRで天竜川中流域を走る飯田線，元国鉄で現在は第三セクターとして走り続ける天竜浜名湖鉄道。そして私鉄には遠州鉄道，大井川鉄道，静岡鉄道がある。この他にも静岡県の東部地方・伊豆地方には6路線があり，合計すると静岡県内には13もの鉄道路線が走っていることになる。地方県としては決して少なくない数字であるが，かつて静岡県内には，支線を含めれば50を超える鉄道があった。次々と生まれては消えていき，合併や廃線を経た結果，現在では「わずか」13路線になってしまった，という方が正確かもしれない。

　鉄道が運ぶものは主に二つ，旅客と貨物である。物流の大部分がトラック輸送に置き換わった現在では，私鉄の多くは旅客輸送のみの扱いとなり，JRも貨物輸送は年を追って漸減しているが，多くの鉄道の設立動機は貨物輸送にあった。北海道などに多くみられた炭鉱にはこぞって鉄道が引かれ，その閉鎖とともに多くの鉄道が廃線になっているのはそのいい例である。静岡県中西部の場合，東海道線を中心として南北に数々の鉄道が肋骨のように敷かれてきたが，西部でこそ紡績や楽器など工業との結びつきが強いものの，中部にある鉄道の多くは，主産業である茶と密接な関係を持っていた。その最たるものが現在も残る静岡鉄道である。

　JRと平行して静岡と清水を結んでいる静岡鉄道静岡清水線を評して，静岡大学の学生は異口同音に「存在意義がわからない」という。いわく，JRと比べて安いわけでも速いわけでもない，しかも併走しているのでは……ということらしい。大学にいる間に，「静鉄の存在って謎だよねー」という話題が出たのは一再ではない。静岡大学が静鉄の沿線から大きく外れていて，静大生が足として利用できる距離にないことも一因だが，しかし，貨物輸送が行われなくなって久しい現在では，あえて併走する路線を敷く意図は確かにわかり辛い。しかし私を含め，多くの学生は知る由もないこ

茶と鉄道

とだが，静鉄はもともと，静岡市で輸出用に加工された製茶を清水港に直接輸送するのを主目的として敷設されたものであった。

　静岡市中心部に位置する茶町とそれに隣接する安西は，その名の通り古くから茶の集散する地であった。静鉄敷設以前は，そこで作られた茶は牛車や馬車，あるいは人力の荷車で清水港に運ばれ，そこから水路横浜港まで輸送した上で，輸出されていた。輸出が好調で輸出額生産高ともに右肩上がりになってくると，牛車や馬車の輸送力の限界が近づいてくる。清水港が対外貿易港として開港し，大型船で直接輸出できるようになると，もともと茶工場が集中していた先述の茶町や安西の全国的な輸出製茶集散地としての地位は確たるものになっていくのだが，清水港とは距離があったために大型船の停泊時間内に荷物を運びきれないという事態がしばしば起こるようになり，製茶業者の間から陸上輸送のスピードアップが求められるようになる。そこで，そのころ全国的に巻き起こっていた鉄道敷設ブームに乗って，ついに1908年，鷹匠（現新静岡）—清水波止場間に鉄道が敷設されるのである。敷設当初は清水港への貨物輸送が主だったため，現在の終点である新清水駅より先，海岸近くに設けられた清水波止場まで線路は伸びていた。鷹匠から茶業の中心地である茶町や安西まではなお1.5km以上の距離があったが，御用邸や役所前を通過しなければならないためなかなか許可が下りず，また中町以北は道幅の問題もあり，当初の建設は見送られ，国鉄静岡駅から鷹匠を経由して安西までを結ぶ静岡市内線は，1929年にようやく全通し，ついに茶業の中心地と清水港が直接結ばれることとなった。御用邸前はレールの継ぎ目を溶接して騒音を抑えることで許可が下りたということである。この静岡市内線のすぐ北では安倍鉄道が井宮—牛妻間を結んでおり，いずれは連結しようという計画があったが，静岡市内線開通間もない二年後の1931年，安倍鉄道は廃線となってしまった。なお静岡市内線は後に交通が鉄道から自動車へ移行していくと，国道一号線を跨いだり路面電車であったりしたため所々で渋滞の原因となったこと，またバスが普及したことなどのため，1962年に廃線となる。静岡市内線の路線があった中町付近の道路上で車道とバスレーンを隔てている分離帯は，市内線の名残だという。

　静岡清水線開通当初，静鉄が所有していた客車は10両，貨車は有蓋無蓋（屋根のあるもの／ないもの）あわせて22両であった。貨物，茶がいかに大きな役割を占めていたかがよくわかる。機関車が客車1両と貨車2両を牽いて走る風景はよく見られたそうで，無蓋の貨車には茶箱が山積みされていたということである。

　現在では交通環境の変化から貨物輸送が行われなくなってしまった静岡鉄道であるが，今なお3両の貨車が動態保存されている。そのうちの1両である1926年製のデワ

日本茶文化大全

1型（デ＝電動，ワ＝有蓋を表す記号）は，茶の輸送専用に造られた貨車だという。木造黒塗りの電動式有蓋貨車で，自走能力がある。貨物の出し入れ口が，ちょうど茶箱を扱うのに適した大きさになっているそうで，かつてはこのデワ1型が自身も茶を満載しつつ，貨車を牽いて清水へと茶を運んでいたのである。まさに静岡ならではの車両である。残る2両は1929年製のト1型・ト2型という鋼鉄製の無蓋貨車で，こちらは燃料用の石炭運搬に活躍したという。この3両は貨物輸送の役割を終えた後も1980年ごろまでは保線作業に使われていたということであるが，こういう歴史的な車両が製造から80年を経た現在でも自走できる状態で保存されているのは非常に喜ばしいことである。なお，デワ1型は長沼にある整備工場の車庫建物内で保管されており，長沼駅で毎年夏に開かれる「しずてつ電車まつり」で一般に公開されている。

　現在では静岡清水線1路線のみとなってしまった静岡鉄道の鉄道路線であるが，かつては多くの路線があった。先述の静岡市内線の他にも清水市内線，駿遠線，秋葉線が挙げられる。このうち，駿遠線は新袋井—新三俣間を結んだ中遠鉄道と，新藤枝—地頭方を結んだ藤相鉄道が静鉄に統合されるのを機に両者を接続して成立したもので，軽便鉄道（現在標準とされる軌間1067mmより軌間の狭い鉄道）としては日本一の長さを誇り，新藤枝—新袋井間を牧之原の南を回るルートで結んでいた。古くから「越すに越されぬ大井川」と言われた東海道の難所は鉄道にとっても当然難所で，勃興期の私鉄である藤相鉄道の財力では最初から丈夫な鉄橋を掛けることはできず，木造の橋に線路を敷いて大井川を越えていたが，重い機関車は木造の橋を渡ることができず，人が客車を押す「人車」と呼ばれる方式で大井川を越えていた。

　駿遠線は，東海道線から外れ全く鉄道の恩恵を受けられなかった地域を結び，榛南地方で盛んであったサツマイモに代表される農産物の輸送に大きく貢献した。戦後の食糧難の時代には，静岡藤枝方面からの買出し客が機関車の上にも乗るほどに集まったという。もちろん，牧之原の南を通っていたので，茶の運搬でも大いに活躍した。この駿遠線と静岡清水線を結ぶ計画もあったが，それを説明するために弾丸列車について少し触れておこう。

　戦前は物流の大部分を鉄道に依存していたため，東海道本線の輸送力も限界を迎えていた。そのため，東海道本線とは別に高速大容量輸送を実現する必要に迫られ，「弾丸列車」と呼ばれる構想が練られた。東京を起点に西へ進み，なんと海底トンネルで対馬海峡を越え朝鮮半島に渡り，満州鉄道に接続するという壮大な計画であった。九州以西の計画はともかく，東京下関間については，1940年から順次用地買収と工事

が開始され，難工事が予想された新丹那トンネルや日本坂トンネルなどから優先的に着工された。しかし戦局の悪化に伴い，1943年にほとんどの工事は中断されるのだが，日本坂トンネルは工事が継続され，完成後は東海道本線のトンネルに転用された。そのため，それまで東海道線が利用していた静岡焼津間の石部・磯浜2つのトンネルを含む軌道跡を利用して，静岡清水線と駿遠線を接続する計画が立てられた。これが実現していれば，牧之原と静岡，清水港を結ぶ路線が成立していたわけで，茶と鉄道の観点からすれば大変胸躍る路線となったであろうが，後に新幹線が弾丸列車の構想を引き継いで作られることになったため，東海道本線が元の軌道に戻り，あえなくこの計画は水に流れてしまった。ちなみに，東海道本線が使っていた石部・磯浜トンネルがある大崩海岸はその名のとおり崩落の危険が高い切り立った崖で，安全上の理由と，カーブが急で高速走行に向かないといった理由から，再びこの軌道を使うにあたり二つのトンネルをトンネル内で角度を変えて掘り進み一つに結ぶこととなった。現在の地図で見ると途中で2回角度の変わる不思議なトンネルであるが，こんな事情があったのである。こうして放棄された石部トンネルの海側出口は現在に至るまで放置され，その出口付近は海側に大きく崩落して凄まじい姿を晒しており，鉄道（廃線）愛好家の間ではよく知られた名所となっている。

　また，静岡鉄道に統合される前の藤相鉄道時代，宇津ノ谷峠に掘られていた道路トンネルに軌道を敷設し，人馬と鉄道が併用するようにして岡部―静岡を結ぶという計画もあったが，こちらも実現せずに終わっている。トンネル前後の傾斜を考えると，少々無理な計画であったかもしれない。

　東海道の難所宇津ノ谷峠をついに私鉄は越えることはできず，駿遠線もついに岡部から東へ向かうことのないまま1964年から順次廃止され，1970年に全面廃線となった。

　鉄道の話だけについ脱線が過ぎてしまった。茶業に関わりの深い鉄道としてもう一つ，堀之内軌道を紹介しておこう。堀之内軌道は1899年，堀之内（現菊川）―南山間約9.3kmを，馬が客車を牽く馬車鉄道として開業した。しかし終点の南山は南部の中心地である池新田との中間点という微妙な位置だったため貨客に限界があり，また乗合自動車に客を奪われ，成績は思わしくなかった。こうして伸び悩んでいた馬車鉄道を松下幸作が買い取り，池新田までの軌道の延長と動力化を進めることになる。この松下幸作は日本最初の製茶工場を作った堀之内の松下工場の初代社長で，高林謙三が発明した粗揉機の生産と普及に努め，県下の製茶の生産を飛躍的に増大させた功労者である。

日本茶文化大全

松下製茶工場では高林式粗揉機の他にも茶業関連の火炉，石炭，発動機も販売しており，発動機はドイツ発動機株式会社の代理店となってオット式発動機を全国に販売していた。鉄道を延長するにあたり，馬車は時代遅れであり力不足，電車は資本がかかりすぎるので無理，蒸気機関車は煙を出すので市街地を通る堀之内軌道には不向きという状況であった。馬車鉄道の軌道をそのまま使って動力化を図るため，製茶用の発動機を使うことを思い立ち，工場の技術者がトロッコに発動機を取り付け毎晩走行実験を繰り返した。トロッコ単体であれば走行が可能なところまで漕ぎ着けたが製茶用の発動機ではやはり限界があり，馬車の重い車両をつけると全然走ることができずこの試みは失敗に終わった。しかしそのころドイツ発動機株式会社がディーゼル機関車を製造していることがわかり，さっそくこれを輸入して運転を開始した。これが日本で初めてのディーゼル機関車であった。

　やがてより出力の強い2号機以降を輸入し，軌道を池新田まで延長するなど営業を拡大し，利用者や周辺住民にはオットと呼ばれ親しまれたが，ディーゼルは比較的出力が弱く，傾斜の多い堀之内軌道に向いているとは言えず，時には乗客が機関車を押してやっと坂を上るという有様で，やがて相次ぐ故障と自動車の普及から，1935年，茶業が生み育てたとも言うべき堀之内軌道はついに廃線となる。

　茶の生産地として有名な川根には，大井川鉄道が通っている。当初は静岡を起点として大井川上流部の千頭に至るルートが構想されたが，途中の洗沢峠に長いトンネルを掘らねばならず莫大な建設費用が想定されたため，現在の金谷を起点とするルートに変更された。大井川の電源開発のための資材運搬や豊富な森林資源の搬出を主目的としたが，川根茶の運搬にも大きな力を発揮した。昭和25年の保有車両数は客車5両に対して貨車は有蓋無蓋あわせて78両であり，貨物が大井川鉄道を支えていた。なお，大井川鉄道の社長には本書でも度々名前の挙がる中村圓一郎が就任している。同氏は先述の藤相鉄道の取締役も務めており，そのためかどうかはわからないが，大井川鉄道は金谷から南へ，牧の原を貫いて藤相鉄道に至りさらに御前崎の先端まで至る御前崎線も当初から構想されていた。昭和25年ごろ静岡鉄道から発行された地図には，この御前崎線が計画線として記載されているが，実現していない。なお，先に述べた静岡と焼津を大崩海岸経由で結ぶ計画線も記載がある。

　大井川鉄道は現在，SLの走る鉄道として観光に力をいれ，全国的に知られた鉄道となっている。

以上，静岡県中部地方の鉄道のうち茶に関わりの深いものを取り上げてきたが，静岡における茶は，少なくとも中部地区においては人々の生活だけでなく，鉄道路線を支える重要な産業であった。上で紹介した路線のほかにも，遠州有数の茶産地である森には秋葉線が走り，貨物の一旦を担っていた。概して県西部の鉄道は信仰との結びつきが強く，奥山方広寺と浜松を結んだ遠州鉄道奥山線，庚申寺と貴布祢を結んだ西遠軌道，秋葉街道に位置し，沿線に可睡斎もある静岡鉄道秋葉線などがその代表的なもので，古くからの街道にその軌道を持っていた。信仰の場が産業の中心地であったという理由もあるにせよ，参詣客でにぎわったこれらの路線に対し，県中部の鉄道では静岡鉄道に代表されるように茶業，茶の輸送が大きな比重を占めていた。

　茶大国である静岡ならではの鉄道の数々。茶業，ひいては国力の増進や豊かな暮らしを夢見た近代日本勃興期の人々の想いが2本の鉄を通して，あるいは路線が失われてもかつてそこにあった人々の想いは今なお伝わってくる。鉄道が姿を変えつつも他の交通機関と共存共栄していくことを切に願う。

＊　本文中の会社名・路線名は，混乱を避けるため特に断りのない限り現在（または廃線時）の呼称で表記した。

（北川　敏行）

参 考 文 献

静岡県茶業組合連合会議所編『静岡県茶業史』静岡県茶業組合連合会議所，1926年
榛原郡茶業組合編『静岡県榛原郡茶業史』榛原郡茶業組合，1918年
亘理宏編『懐かしの軽便鉄道』ひくまの出版，1979年
静岡新聞社編『静岡県鉄道物語』静岡新聞社，1981年
海野実『静岡県の鉄道今と昔』駿遠豆ブックス3，明文出版，1986年
菊川町史編さん委員会編『菊川地域鉄道史』菊川町，1989年
静岡鉄道株式会社編『写真で綴る静岡鉄道70年の歩み』静岡鉄道株式会社，1989年
森信勝『静岡県鉄道興亡史』静岡新聞社，1997年
宮脇俊三編著『鉄道廃線跡を歩く　5』JTBキャンブックス，JTB，1998年

著者ユーカースの日本訪問と *ALL ABOUT TEA* への反映

「私は,日本に"国際感謝連盟の自選大使"として参りました。『国際感謝連盟とは何か』と思われることでしょう。それは,訪問国の悪い所は言わず,とにかく良い所を誉める,そしてそれを自国に帰っても紹介する,その役割をになっている者のことであります。皆さんも連盟に入りませんか」——著者ユーカースは,日本訪問時に,このように自己紹介をしました。

　ユーカースは日本訪問時に,常に心の込もったスピーチをして,日本の茶業者や記者たちを楽しませていたそうです。日本訪問がどのように著作に影響したのか,そして日本との交流はどのようなものであったのか,当時を振り返りながら見てきたいと思います。

1　著者ウィリアム・H・ユーカース（1873–1954）

　ユーカースが来日した際,『茶業界』（静岡県茶業組合連合会議所発行）は以下のように著者を紹介しました。「マスター・オブ・アーツ　ウィリアム・H・ユーカース氏は茶とコーヒーの専門誌として国際的に名高い *Tea & Coffee Trade Journal*（ニューヨーク）の主筆である。米国フィラデルフィア生まれ。ニューヨークタイムスなどの新聞記者を経て,コーヒーの百科全書的 *ALL ABOUT COFFEE* を大成。また,ニュースタンダード大辞典の部門記者でもあり,ニューヨーク大学で実業新聞学の講座を開いた最初の人物でもある」（掲載記事より抜粋）。ここで紹介されている「マスター・オブ・アーツ（M. A.）」についてですが,著者ユーカースが自分の名前に用いていた M. A.（修士号と同じ省略文字）は,卒業高校の名誉卒業生としての称号で,実際は大学への進学をしていません。

　著者の人柄について,ユーカースが立ち上げた会社 Tea & Coffee Trade Jouranal 社

の現社長が起業100周年記念（2001年）に際して語っています。「ユーカース氏は20代の時に社を立ち上げ，多くの著作を残しています。どんな親しい方にも自分を 'Mr' をつけて呼ばせ（あのサー・トーマス・リプトンでさえも），いつも紳士的で，ユーモアセンスもある方でしたが，傍にいる私はいつも緊張していました。晩年は話好きで，よく時間を忘れていろいろな話をしてくれました。当初，秘書であったヘレン（後副社長）と結婚するとき，茶とコーヒーに人生を捧げることを決意し，子供を生涯持たないことを決めたそうです。（ヘレンとの結婚が再婚であったことは，決して人に語りませんでした）」（要約）

ユーカースは積極的に多くの書を残しましたが，*ALL ABOUT COFFEE*（1922年，邦訳はUCC上島珈琲株式会社監訳，TBSブリタニカ，1995年），『茶について知るべきこと』，『茶の知識ダイジェスト』，『旅行記シリーズ　日本と台湾』などが有名です。

2　ユーカース来日時の日本の茶業界（大正13年）

第一次大戦中は日本緑茶の競合品であるインド・セイロン紅茶の輸送困難から，対米貿易をほぼ独占するような形で非常に好景気でしたが，戦後は大量生産による品質低下や余剰が増え，紅茶も盛り返し，日本緑茶の対米貿易が下降ぎみでした。ユーカースは日本茶の対米貿易を向上させるには広告宣伝が必須と訴え，*ALL ABOUT TEA* の取材旅行の協力を日本茶業界に要請したのです。

3　日本訪問スケジュールと *ALL ABOUT TEA* への反映

ユーカースは，*ALL ABOUT TEA* を書くにあたって日本の取材旅行に二度訪れています。精力的にいろいろなところを駆け回り，多くの人物に会っていたようです。以下にユーカースの来日時の日程表と訪問先などを表し，どのように本の内容に反映されたかについて一覧表にまとめてみました。日程表などは，当時の月刊誌『茶業界』（静岡県茶業組合連合会議所発行）と，『日本茶業史』全三篇（茶業組合中央会議所発行，1914～48年）を参考にしました。

＜第一回来日＞ このときは，取材ということではなく日本を訪問

年月日／場所	内　　容
明治40年（1907）4月14日 横浜	・父を早くに亡くしていたユーカースは，日本茶業組合中央会議所の会頭で，当時の茶業界をリードしていた大谷嘉兵衛氏と出逢い，「第二の父」と呼ぶようになる。ALL ABOUT TEA 第2巻第12章「日本の茶貿易史」で，「もっとも尊敬すべき日本茶業史上の人物」として大谷氏を紹介している。 ・第2巻第12章「日本の茶貿易史」の関東震災前のグランドホテル写真はこのときのものか。その他，横浜の旧倉庫，試飲室の写真も掲載

（1924）年10日（帰国時）

ユーカースは，大谷氏に当てた書簡にて，横浜での出会いに感謝し，ALL ABOUT TEA の取材旅行に対して，日本茶業界に2500ドルの協力を頼む（著作に日本茶を紹介する広告宣伝費として）。この書簡*は邦訳されて『茶業界』に紹介され，その申し出を受けた日本側に迎えられて，ユーカースの来日が実現する。

＜第2回来日　取材旅行＞ 計20日間の日本滞在
（『茶業界』にユーカースの訪問スケジュールまで告知するほどの歓迎ぶり）

日程と訪問先	ALL ABOUT TEA への反映
大正13年5月5日 8時　横浜入港 　船から下りてきたユーカースは「瀟洒たる服装」と表現されている。（『日本茶業史』） 　出迎に，大谷会頭自ら，そして石井晟一**（顧問）（ALL ABOUT TEA に日本の協力者として名前があげられている）等と，通訳として亀田行蔵が同行。 10時　東京　帝国ホテルにて昼食 　ここで，中央会議所役員らが合流。 午後　中央会議所訪問後，震災の一年後の東京を見学して廻る。	この日，大谷会頭は，「日本緑茶は世界の至宝」という英訳つきのパンフレットを，ユーカースに贈る。ここに「ケンペルの『日本史』に『お茶は昔（中略）達磨大師が或夜睡気醒しに抉って投げた両の目玉に生えた所の日本の木から始まった』」という伝説が紹介されており，第2巻第19章「日本の茶道」にもこの逸話が紹介されている。
6日　埼玉県狭山〜川越 　出迎え　狭山町長，狭山会議所会頭（同行：亀田通訳，西郷参事）老茶樹・茶工場など見学，茶業者と懇談	第2巻第12章「日本の茶貿易史」に狭山の茶畑の写真が掲載されている。
7日　新宿御苑〜農相官邸〜外務省〜台湾総督府出張所〜郵船会社（同行　大谷会頭，亀田通訳，西郷参事） 　夜　芝紅葉会館の歓迎晩餐会（農相，外務省関係者も参加）通訳　宮田氏 　ユーカースはこの日のスピーチで，「自分の雑誌に富士山と『奉仕』のマークを使用している」と日本びいきであることを示した。（左図）	
8日　日光観光予定が風雨のためホテルにて休養日	
9日　日光観光　金谷ホテル泊	
10日　雪　中禅寺〜帝国ホテル　箱根観光を中止	
11日　静岡 8時　東京発（同行：亀田通訳，西郷惨事，石井参事） 0時20分沼津（静岡会議所・中村会頭など出迎え）	・第1巻第16章「日本における栽培と生産」で富士の農園の景色のすばらしさや，茶刈バサミについて写真を入れながら解説。 ・第2巻第1章「生産国での売買」で茶町の写真，茶業試験静岡の茶摘み風景を写真と共に日本の茶貿易と茶の基準について，紹介。

著者ユーカースの日本訪問と ALL ABOUT TEA への反映

→裾野　豊岡村　不二農園の視察（富士の背景の園内を見学し，茶刈バサミなども見学） →静岡　大東館へ	その他同章で紹介している写真は以下。 　静岡の茶業試験所 　静岡県茶業会議所  北番町の茶貿易所（図1）  馬車での茶輸送風景（図2） 静岡のアメリカ人バイヤー宅  茶町（図3） ・大東館の写真を第1巻第12章「日本の茶貿易史」で紹介
12日　静岡県知事，市長を訪問 　ユーカースの希望で，新聞記者会見を行う（通訳　石井氏）日本茶の品質改善と広告の必要性を訴えた。またユーカースは「最近は日本は内部需要重視し海外貿易に積極的でないと噂がある」ということについて尋ね，日本側が「海外需要も重視している」と伝えると「日本まで来たかいがあった」と喜んだ。 　製茶貿易業者を来訪後，大東館にて市長主催の歓迎会	
13日　茶業試験所，製茶工場，外資貿易商会，清水公園，伊藤製茶など来訪（案内　宮本理事） 　浮月楼にて総合会議所主催の歓迎会（知事等出席） 　芸者による『茶摘の面影』などの踊りを鑑賞。	・第2巻第12章「日本の茶貿易史」で以下の写真を掲載している。 　浮月楼 　清水講演と横浜の大谷氏の銅像

日本茶文化大全

	スピーチで初の静岡入りを喜び，徳川家康の「人の一生は重荷を負ふて云々」を取り上げ，忍耐力を持って現在低迷にある対米茶貿易の改善を協力し合うことを訴え，茶業関係者の心をひきつけた。また，「世界で外国人を最も丁重にもてなすのはフランス人と言われていたが，日本には及ばないだろう」と日本茶業界の歓迎振りを称賛した。	・以下は第1巻第16章「日本の栽培と生産」で紹介された写真 　　茶業試験所 　　製茶工場 　　（製茶工程製茶機械） ・第2巻第26章「茶と芸術」に『茶摘の面影』の写真を掲載。
14日	金谷駅〜牧の原（案内　中村会頭他） 　国立茶業試験所，県茶業部などで資料収集 　地獄沢〜相良川崎〜藤枝〜静岡 　夜　県精製茶業組合の懇談会に参加	第1巻第16章「日本の栽培と生産」で，国立茶業試験所の活動や研究員が何名いるかについても詳しく紹介している。
15日	自動車にて久能，東照宮，清水〜静岡 　夜　求友亭：知事主催の招待会 　「国際感謝連盟の自選大使として日本に来た」と自己紹介。	
16日	名古屋ホテル	
17日	三重県　四日市，津 　県知事の昼食会（各部長，茶業者，新聞記者も列席）， 　津の小学校を訪問〜三重県茶業総合会議所の晩餐会 　（「三重県は大谷会頭の出身地であるので感慨深い」と挨拶をしている）	
18日	伊勢神宮　神楽奉納〜京都 　（京都府総合会議所会頭　他　出迎え）	
19日	桃山　明治天皇・昭慶皇后御陵の見学（ユ氏は，勅許待遇で玉垣内参入を許可される） 　京都府産業部長らと面談 　宇治　茶園見学，宇治茶摘み歌を聞く 　辻利製茶工場 　京都市内〜岡崎公園の万国博覧会参加（五十年記念博覧会）を見学	・宇治茶園の製法や宇治茶摘み唄は，第1巻第16章「日本の茶栽培と製造」に英訳されて紹介されている。（覆下茶園の写真を掲載） ・このとき「抹茶アイス」を食し，絶賛した。そして，第2巻25章「茶の入れ方」にこのレシピを紹介している。
20日	京都市内観光（保津川下りは中止）中央会議所の幹部らも随行。 　建仁寺（栄西の聖像を拝す），銀閣寺，金閣寺，裏千家千宗室邸訪問。夜，鴨川踊り見学後，中央会主催の歓迎会。 　「Tタイ，Eイースト，Aアメリカ＝東洋とアメリカを結ぶのがTEAだ」とスピーチ。	栄西の像，銀閣寺，金閣寺の写真は第2巻19章「日本の茶道」に掲載。 第2巻第27章「茶と文学」に芸者の写真と共に「お茶といふ字を解剖すれば日米取持つ味な縁」と日本語で表記し紹介。
21日	保津川下り　嵐峡温泉，渡月橋	
22日	奈良　奈良県会議所会頭らの案内 　奈良公園，春日神社，東大寺，三笠山 　知事らと昼食〜郡山，法隆寺〜京都へ戻る	
23日	大阪　府庁，商船会社，大阪城跡，天王寺，楽焼体験，大阪茶業会議所御昼食会，文楽見学＝神戸オリエンタルホテル（亀田通訳，西郷参事同行）	
24日	大阪商船に乗船〜台湾へ（台湾視察）	
6月4日	台湾〜下関上陸 　日本の新聞記者を集め「日本茶のアメリカでの需要を上げるために，多角的な広告戦略（マーケティング調査にもとづいた）が必要である」と訴えた。	
5日	静岡　茶業会議所機会研究室の地鎮祭に参加　佐野春	

にて送別会（会議所から青銅花瓶，銀製たばこ入，を贈られる）	
6日　東京　帝国ホテル	帝国ホテル写真（第2巻第12章「日本の茶貿易史」に掲載）
7日　中央会議所を決別訪問し，御茶壷道中絵巻第一巻を贈られる。 丸の内工業倶楽部の昼食会	第2巻第26章「茶と芸術」に絵巻の写真を掲載
8日　正午　横浜出航（天洋丸）～米国へ この日付をもって，感謝状を日本人200名へ送った。著者の筆まめさと礼儀正しさが伺える。	

<帰国時>

大正14年1月に「堀有三氏**が英訳した日本茶の資料を手交した」と『日本茶業史』にあり，『日本茶貿易概観』昭和10年（茶業組合中央会議所発行）には，第一回目の来日の際，「中央会議所は堀有三氏執筆の『日本茶貿易史』一巻をその資料として送ることにした」とある。この資料は未詳。	

<第3回来日>　夫人同行

大正14年2月9日　神戸～静岡市　（大東館泊） 茶業会議所主催の浮月楼（静岡）の歓迎会にて「米国民は大きな子供であり，子供はお話が好であるので，米国民に好物のお話を聞かせよ。それこそが広告である」と語る。また，千年を契る松にちなみ自身を松之助，夫人を富士山にちなみ富士子と呼ぶ。静岡茶業会議所は，富士山の額，夫人に雛人形を贈呈。	・第2巻第12章「日本の茶貿易史」に静岡倶楽部のクラブハウス外観の写真を載せている。

前列中央がユーカース夫妻（静岡クラブハウスにて）

10日　静岡でのユーカースの講演会要旨
　・米国での需要の減少は，広告不足による。

- インド・セイロン茶など対抗品への対策について。
- 現在，日本茶は老成人層（特に農家），紅茶は若者層に分かれているため，世代交代後の危機を感じる。
- ただし，禁酒傾向が高まる中で，茶はこれから注目の製品である。

東京へ移動
11日　東京
12日〜14日　日光観光
15日　鎌倉
16,17日　東京
18日　横浜出航（春洋丸）

*）ユーカース書簡，『茶業界』大正13年3月号掲載
**）下線を引いた石井氏（135ページ）と堀氏（138ページ）の2名は，著作協力者一覧に記載されている日本人である。（両者静岡県民。石井氏の子孫は県内在住。）

ALL ABOUT TEA

To my friend Seiichi Ishii
in grateful appreciation of
his kind assistance in
my Japanese researches
for "All About Tea"
William H. Ukers
Feb. 18, 1937

ヘリヤ商会所蔵本扉のユーカース自筆の書き込み。
石井晟一氏にあてたもの。1937年

ALL ABOUT TEA

我が友　石井晟一さま
ALL ABOUT TEA のための
私の日本に関する探究を
親切にも助けてくださったことに
心から感謝して。

ウィリアム・H・ユーカース
1937年2月18日

　以上，表を見ていただくと，第2回目来日時の取材旅行にて多くの情報を集め，第3回目来日は夫人との観光旅行が主であったことがわかります。
　ユーカース来日時は，アメリカで日本の緑茶が人気が高かったこと，日本での需要よりもアメリカへの輸出の方が当時は断然多かったことなど，現代では想像もしない方も多いことでしょう。また，ユーカースは講演会で「アメリカ人が日本の緑茶を飲むときは，茶葉を鍋に入れて煮たて，ミルクと砂糖を入れてかき混ぜて飲む」と説明しました。当時の日本人もその飲み方には驚いたのではないでしょうか。そして，日本の緑茶は農家の高年齢層に親しまれていて，若者は紅茶を好んで飲んでいたそうです。また，*ALL ABOUT TEA* の参考文献に上がっているロンドン日本協会紀要に掲載された「茶の湯」という論文には，「ニューヨークのバーでは，カクテルを作るの

に日本の茶道で使う竹の茶筅を使用している」と書いてあり，当時の茶を通して意外な文化交流があったことがわかります。

　ユーカースがしきりにすすめた茶の広告宣伝活動は，しばらくしてから日本茶業界でも力を入れ始めました。そのころ宣伝上手の紅茶は「午後は紅茶」とアメリカで売り出しており，「朝食後にコーヒー」というコーヒーの宣伝文句もあったため，「日本茶は正午に」というコピーを用いました。ソーサー付のコーヒーカップで緑茶を飲んでいるところが印象的です。ALL ABOUT TEA 第2巻第16章で当時の広告デザインの一覧を見ることができますので，今後の出版物を期待いただければと思います。（ALL ABOUT TEA の全訳は順次出版予定。）

（吉野　亜湖）

ユーカースが来日した頃の静岡茶事情

ALL ABOUT TEA には随所に今では入手不可能な写真が挿入されていて、きわめて貴重な資料となっている。その第2巻（本書p.82）に姉さんかぶりをした若い女性五人が小さな茶摘籠を前に微笑んでいる写真があり、"Local Color at Shizuoka, some charming Geisha pose as Tea Girls" というキャプションがついている。この写真は本物の茶摘娘ではなく、芸者が扮装したものだという断りがちゃんと入っているのである。いい加減な本ならば、こんな説明はつけずに、静岡の茶娘ですませてしまうところだ。あらためてこの本のすごさを感じる。じつは、これと同じ写真を、静岡の名物芸者であった志郎さんから見せてもらったことがある。志郎さんは北原白秋が「ちゃっきりぶし」の取材のために静岡に逗留していた頃、まだ半玉として座敷の隅に控えていたという経験の持ち主である（平成12年に亡くなられた）。その思い出を聞かせていただいていたとき、ついでに見せてもらった写真数枚のなかに、これとまったく同じ写真があって、写っているのは、先輩たちだと教えてくださった。

ALL ABOUT TEA 執筆のためにユーカースが静岡を訪れたのは、大正13年（1924）のことである。横浜に上陸したのが5月5日、そして11日に静岡市に到着して翌日新聞記者会見を行い、その後市内の輸出茶商のもとを訪れた。次の日、浮月楼（有名料亭）で知事も加わった懇談会が開かれるや、彼は日本茶の宣伝不足を指摘したとされる。この会にはマッケンジー夫妻、ヘリヤなど外商の多くも加わった。宴席では芸妓の手踊り「茶摘みの面影」などが披露された（この時までに「ちゃっきりぶし」ができていたら、真先に演じられただろう）。当時の新聞によると、ユーカースは、家康の「人の一生は重荷を背負って歩むごとし」の一節を引用して満場を感嘆させたという。翌日から金谷、牧の原、久能、清水港などを訪ねている。ユーカースは翌年6月に今度は夫人同伴で来日し、静岡にも来たが、そのとき「私は日本が大好きなので、自ら松之助、妻は富士子と名乗ることにした」と、大サービスであった。

この静岡訪問に際して彼を案内したのが石井晟一で、ユーカースは完成した著書に

サインをして贈呈している。この本は現在，谷本勇氏が所蔵している。ちなみに石井晟一はのちに『日本茶輸出百年史』の編修委員長を務めた石井富士雄氏の父君である。

　ユーカースが静岡に来た頃は，まさに静岡が茶輸出の中心として全盛期を迎えている時期だった。茶輸出が始まったときには，茶は外国貿易を許可された開港場である横浜から大部分が送り出された。県内各地で生産された茶は遠州灘から駿河湾沿いに点在していた伝統的な港町から船によって横浜まで運ばれている。静岡市周辺の茶も同様に清水港から積み出された。横浜に着いた茶は，そこの再製工場において火入れ（腐敗防止のために加熱すること）をし，それから外国に向かって送り出された。静岡市内に残る茶揉み歌の一節に，「清水港から蒸気に積んで　海をはるばる横浜へ　横浜若い衆が手に手をつくし　目張りすまして異国まで」とあることが，明治前半期の静岡茶事情をよく物語っている。

　やがて明治22年（1889），東海道線が開通すると，茶荷物の大部分が汽車によって運ばれるようになり，海上輸送業者は大打撃をうけ，各地の小港はたちまち衰退に追い込まれた。ちなみに，明治23年に県下各地から海上輸送によって横浜に運ばれた茶は，1004万7248斤であったのが，翌24年には，一挙に108万520斤に激減している（『静岡県茶業史』）。こうした状況下においても国の許可を得た輸出港としての横浜の独占的地位は揺るがなかった。したがって，茶荷物は依然として横浜に運ばなければならず，静岡県内の茶業関係者にとって，最寄りの清水港から直接外国に茶を輸出する許可を得ることが悲願であり，そのために熱心な運動が行われた。

　その結果，明治32年（1899）に開港場の指定を受けることができたが，大規模な再製工場はすべて横浜に集中しているため，どうしても茶は横浜に送らねばならない。そこで，海野孝三郎らが中心となって明治38年に再製工場を静岡に誘致し，いっぽう清水町の有志は日本郵船株式会社と交渉した結果，明治39年（1906）5月13日，同社の神奈川丸が清水に寄港して，初めて清水港からの茶直輸出が行われた（前掲書）。

　その後，清水港の茶輸出量は飛躍的に増大し，日本一の茶輸出港になる。なお静岡の茶市場に集まった茶を輸出向けに清水まで運ぶには，最初は荷車が使用されていたが，明治末年に清水・静岡間に軽便鉄道が敷設され便利になった。これが現在の新清水・新静岡間を結んでいる静岡鉄道の前身である。ちなみに「ちゃっきりぶし」は，業務を拡大して沿線に遊園地を建設した，当時の静岡電鉄が，そのPRソングとして作ったものである。

　さて，静岡市内に再製施設が建設され，茶輸出のための条件が整ってくると，これまで横浜や神戸に拠点を置いていた外国人茶商も，続々と静岡に支店を開設するよう

になる。冒頭で紹介した ALL ABOUT TEA の芸者の写真が掲載されている次のページには，ユーカースが取材した，その頃の静岡在住の外国人茶商の写真が並べられ，それぞれ個人名と店名が記載されている。撮影時は1924年とあるから，彼の第1回目の静岡訪問時に撮影されたものであることがわかる。

静岡市内には，背広にネクタイを締めた外国人茶商の姿が珍しくなくなった。その意味では静岡市は外国人を好奇の目で見るような雰囲気がない，かっこよく言えば国際都市的な様相を見せるようになったのである。そして外国人茶商と取引したり，あるいはそこに雇われる人も多く，貿易に必須の言葉，たとえばインボイス（送り状）というような単語が，茶の集散地の中心である茶町では日常的に飛び交っていた。

昭和10年6月2日，日本茶の特販委員会の創立十周年の記念式典が清水港の県水産試験場で挙行され，貿易功労者が表彰された。その中には大谷嘉兵衛，江原素六らとともに，フレデリック・ヘリヤや，アーウィン・ハリソン・ホイットニー商会のマッケンジーら静岡で活躍中の外商の姿も多かった。

しかし昭和16年12月，茶を積んでアメリカに向かっていた輸送船は，太平洋戦争勃発のニュースを聞いて日本に引き返した。以後，アメリカ人から日本の緑茶を飲む習慣は消えた。なお，マッケンジー夫人は戦後あらためて来日して静岡市内に住み，社会事業に貢献した。そして静岡市の名誉市民第1号となった。彼女が晩年を過ごした西洋風の美しい建物は，静岡市の海岸部に保存され，広く市民に公開されている。

（中村 羊一郎）

あとがき

お茶は人が集まる場を作り出すだけではなく，引用したくなる文句を引き出すものらしい。なかでも，日本の茶道はどこから見ても注目に値することは誰もが認めるところであろう。外国人の注目を集めるのも当然だ。彼らは初心者の頃の自分を振り返って思い起こし，何も知らない外部者から見た様子を面白おかしく書き，そして日本通の立場で解説して，そのギャップの大きさで読者を愉しませる。19世紀末に日本を訪れ，日本の日常生活に関心を示したモース（Edward Sylvester Morse, 1838-1925）は，「お茶は濃い緑色のシロップに似て，じつにうまかった」と書いて供されるものの味をほめ，それが用意される手順については，何も知らない人の驚愕に理解を示すために，「想像を絶するグロテスクな行動とみえる」だろうと書いてから，何度も臨むとわかってくる諸々のことを詳細に解説する。現代の社会人類学者（Alan Macfarlane, 1941-）は，「日本の茶道は，食べ物や飲み物の消費を儀式化した歴史的に見ても最も極端な例である」と評する[1]。『ブリタニカ百科辞典』にある「日本」の項で，茶道は，「制約されて不自然なる社交舞踏の驚異」であり，日本人の生活を支配している複雑な美意識の極意を表すものとして紹介される。ここで重要なのは，「ちょっとしたコンパクトな動作であり，非常に日常的で気取らないものに超越的な意味が突如現れる」とされて，目の前で展開される所作の連続をバレエに譬えて，「社交舞踏」と言いながら，それがまた「日常的で気取らない」動作として受けとめられる。相反した譬えでありながら，見事に動きをとらえているではないか！ さらにそこには目に見える世界や日常を超えた深い意味が込められているとは，もう煙に巻かれて賛嘆するしかないであろう。美学的側面が説明される際に，その全貌を表すにあたって解説者が使っている「ためらい／抑制／呵責の利いた美学」'aesthetic scruples' という表現で，多くが理解できてしまった気がしている[2]。もちろん，茶道をはじめとして日本文化の理解にあたっては，日本人が書いたものを読むのがいいであろうが，一歩離れたところから観察し描写してくれる訪問者の視点もまた面白く，発見に満ちた読書体験となる。ユーカースの場合，茶席の描写に加えて，茶道の歴史や逸話を集めているので，興味深く読める。そしてまた，彼は，茶道だけでなく，100年近く前の日本の

日常生活や経済活動，茶葉の生産・加工過程・輸出の状況や輸出戦略について記録し語ってくれているから，この書物をこのまま放っておくわけにはいかないのである。

それに，東洋起源の物品や文化への興味，日本のものの再評価，日常生活を構成する物への関心，ペットボトル飲料急伸の中でお茶が占める大きな役割，旅行文学への注目，グローバルな視点，フード・ジャーナリズムへの注目など，最近のさまざまな傾向は，ALL ABOUT TEA に皆矢印を向けているように思えてくるではないか！

『オールアバウトティー』を手にする度に圧倒されるのは，そこに収められた情報量もさることながら，そもそもその企画の壮大さと大胆さである。知の集積と発信の流れに彼の功績をのせてみよう。18世紀半ばのイギリスでは，サミュエル・ジョンソン（Samuel Johnson, 1709-84）が英語の使用法を吟味して日常語に定義を与え，それまでに書かれたものからふんだんに用例をとり，決定版の英語辞書を作成・出版した（1755）。18世紀末以降，詞華集や，傑作選などの選集が多く編まれるようになり，過去の文学的蓄積が評価・選別され，「正典」が定義されていくことになった。物品のコレクションを人々に示すということでみれば，ハンス・スローン（Sir Hans Sloane, 1660-1753）が残した79,575点（他に植物標本や書物）に及ぶ博物学的興味を満たすコレクションをもとにして，大英博物館は，1753年に設立が決定し，1759年に一般の人々に門戸を開いた[3]。時を経て個人の頭の中や書物やキャビネットにそれぞれに蓄積されてきた知識・情報・作品・物品を，集積して，選別し，整理したものを世の人々に示すという行為には歴史と傾向があり，それぞれの時期や状況で需要や反響が異なっている。

ユーカースが行ったような，ひとつの事象を取り上げてそれに関心を絞る一方で，分野をまたがって広く世界を見回す網羅的な意図をもった『……のすべて』という書物の出版は，1880年代からみられるようになる。これは，単なる異国趣味に終わらない，物品の世界的流通のひとつの結果でもあった。たとえば，キャドベリー創設者の息子のうち一人は商才にたけ，経営に関わったもう一人の息子リチャード・キャドベリー（Richard Cadbury, 1835-99）は，科学・芸術に興味を示して，1896年に『カカオのすべて』という書物を出版している。『……のすべて』という書物が同じ意図をもつとは限らないのであるが，1880年代から1970年までは，10年間にだいたい十数冊の出版物が大英図書館のリストに入っている[4]。そうしてみると，このユーカースの企画は，19世紀末からの人間の知識欲への応えの示し方の静かな流行に乗ったものである。辞書や百科辞典とは違った切り口で，つまり一つのテーマから広がっていく世界を追求して取材し情報を集め，そして人々にそれを提示するということだ。

日本茶文化大全

この壮大な仕事を可能にしたのは，彼の真摯なジャーナリストとしての情報対処能力であり，役割意識である。彼の日本での情報提供者とのやり取りを見ると，専門的知識や実地の経験をもった人々や提供される知識・体験を尊重する姿勢と，探究心と，産業の振興を願う気持ちが伝わってくる。しかも彼は，ジャーナリストとして書物をより多くの人にとって魅力的にする術を心得ていた。効果的にそしてふんだんに使われている本書の図版をみてもそれがわかるであろう。これを翻訳し，註釈をつけるというのは，楽しくもあり，気が遠くなるようなたいへんな作業でもある。静岡大学 ALL ABOUT TEA 研究会では，2004年に非売品の「第2巻19章翻訳註釈」を用意した後，原著全二巻54章のすべてをカヴァーするべく準備を進めており，歴史部門から順に刊行する予定である。研究会の2005年度の研究活動及び2006年度の出版計画は，サントリー文化財団の研究助成に支えられている。この企画の価値が認められたことを感謝し，そして誇りとして，着実に仕事に取り組んでいる。

　それに先だち，おそらく最も翻訳の需要が高いであろうと思われる日本の茶を扱った3つの章を集めて今回の出版に至った。これは，今や日本国内ばかりでなくて世界的に伸張している日本の茶に焦点をあてていて，それ単独でも十分に面白いとは思うが，今後刊行予定のすべての翻訳への招待状として読んでいただければ幸いである。

　この翻訳企画は，静岡大学人文学部長松田純先生のご理解と応援がなければこのように第一歩を踏み出すことは不可能であった。今回の刊行企画は，平成17年度の静岡大学人文学部の学部としての重点課題に認められ，学部の配分経費を得て行われた。展望と夢を大きくもつように励ましてくださり，実際の本作りではたいへん手がかかったに違いないこのプロジェクトを支えてくださった知泉書館の小山光夫社長と高野文子さんに研究会一同心をこめてお礼を申し上げたい。

　今後の活動に，より多くの方のご理解とご協力を得られることを願いつつ。

（鈴木　実佳）

---

　1)　小西四郎他編『モースの見た日本』（東京：小学館，1988），p. 58；Alan Macfarlane and Iris Macfarlane, *Green Gold : The Empire of Tea* (London : Ebury Press, 2003), pp. 57, 55.
　2)　*Britannica* 2001, 'Japan' の項。
　3)　Marjorie L. Caygill, *The Story of the British Museum*, 3rd ed. (London : British Museum Press, 2002).
　4)　この中には，特定地域を区切った『ダービシャーのすべて』や，ハウツーものの『不動産購入のすべて』といった書物も入っており，また再版された場合などそのつど数えられている。All About ... の題名をもつ書物は，ハウツーものがこの題名を好んで用いるようになったらしく，1971年以降急増し，それまでの10倍以上ペースとなり，1991年からの10年間には252点が入っている。

執筆者・協力者一覧
(敬称略)

編集・執筆(静岡大学 ALL ABOUT TEA 研究会)
　　小二田誠二　(人文学部助教授)　監修
　　鈴木実佳　　(人文学部助教授)　監訳
　　吉野亜湖　　(大学院人文社会科学研究科)　「日本の茶道」担当
　　北川敏行　　(大学院人文社会科学研究科)　「日本における栽培と生産」担当
　　ショーン・バーク　(大学院人文社会科学研究科)
　　チャルシムシェク・ニライ　(大学院人文社会科学研究科)
　　望月佑里子　(大学院人文社会科学研究科)
　　松村優輝　　(農学部環境森林科学科)
　　市川奈々　　(人文学部言語文化学科)　「日本の茶貿易史」担当
　　山田絵里奈　(人文学部言語文化学科)
　　山田祐紀恵　(人文学部言語文化学科)
　　葉桐清一郎　(株式会社葉桐　代表取締役)
　　吉野白雲　　(日本茶道塾塾長)
　　望月伸嘉　　(島田市お茶の郷博物館学芸員)
　　鈴木清子　　(人文学部卒業生)
　　平岡奈緒美　(大学院農学研究科人間環境科学専攻)

研究協力
　　中村羊一郎　(静岡産業大学　情報学部教授)
　　寺本益英　　(関西学院大学　経済学部助教授)
　　滝口明子　　(大東文化大学　国際関係学部助教授)
　　小泊重洋　　(茶の湯文化学会副会長)
　　高橋忠彦　　(茶の湯文化学会副会長)
　　谷本　勇　　(有限会社ヘリヤ商会　代表取締役)

翻訳協力　安藤まり・池上寛・加藤貴子・菊澤昌美・鈴木寛子・鈴木敏子・副島訓子・河野和彦・
　　　　　　川原かおり・木村真裕美・出浦浩・松田圭子・和気牧子・一見静代・山田祐子
　　　　　　伊東市善意通訳の会 (ISGG)
　　　　　　石田泰嗣・立岩恒・加藤達雄・西村善元・加藤福四郎・堀越卓子・小西恒男・牧野雅光・石禎子

協　　賛　マクゾーン株式会社
　　　　　　日本茶インストラクター協会静岡県支部
　　　　　　江口敏郎(静岡大学人文学部マスターズクラブ)
　　　　　　サントリー文化財団
　　　　　　静岡大学人文学部

日本茶文化大全

ISBN4-901654-71-3

2006年3月25日　第1刷印刷
2006年3月31日　第1刷発行

監修者　小二田誠二
監訳者　鈴木　実佳
編訳者　静岡大学 ALL ABOUT TEA 研究会

発行者　小山　光夫
発行所　株式会社 知泉書館
　　　　〒113-0033　東京都文京区本郷1-13-2
　　　　電話03-3814-6161/FAX03-3814-6166
　　　　http://www.chisen.co.jp

印刷者　向井　哲男
印刷・製本　藤原印刷株式会社

Printed in Japan

PICTURE TEA MAP of the WORLD

- TEA FOR THE ARCTIC
- CANADIANS DRINK BLACK AND GREEN TEAS
- AMERICANS DRINK BLACK AND GREEN TEAS
- BOSTON TEA PARTY 1773
- WORLD'S LARGEST TEA DRINKERS HERE
- THE DUT... THE FIR... EURO...
- HERE COFFEE IS KING
- YERBA MATÉ